교대생을 위한

대학수학

넓이

강홍재 지음

KYOWOO

P·R·E·F·A·C·E

머리말

대학의 수학에서는 계산 문제가 있기는 하지만 그 수가 적고, 주로 정리(定理)나 공식들을 확실히 다지게 하기 위한 기본적인 것들에 중점을 두고 있다. 고등학교 때까지의 학습법과는 그 길이 사뭇 다르다. 이것이 대학수학이 마냥 어렵다고만 하는 학생들이 나오는 가장 큰 이유 중의 하나이다.

사실 수학에서의 개념과 공식들은 짧은 시간에 만들어지지 않는다. 지금까지 여러분이 학습한 수학은 여러 세대에 걸쳐 만들어진 수학자들의 논의로 만들어진 결과물이다. 그렇기 때문에 수학을 어렵다고 느끼는 것은 어쩌면 당연한 것일 수도 있다. 따라서 여러 세대에 걸쳐 만들어진 수학의 개념들이 한 두 번의 짧은 도전으로는 자신의 것이 되지 못하는 것 또한 당연한 것일 수도 있다. 그러나 한 두 번의 짧은 도전으로 이해하지 못한다 하여 포기하는 것은 정말 어리석은 일이다.

이 책은 교육대학교 1학년 교양수학을 위한 교과서로 적은 것이다. 어떻게 하면 많은 문제를 짧은 시간 안에 풀까에 대한 학생으로서의 습관에서 주어진 내용을 어떻게 하면 잘 가르칠 수 있을까에 대한 교사로서의 새로운 습관을 체득하도록 내용을 구성하고 싶었다. 수학이 중요하니 수학공부를 열심히 하라는 이상한 논리보다는 수학적 사실에 대해서 많은 고민과 깊은 생각을 권장한다. 어떤 수학적 내용에 대하여 깊이 생각해보고 그 내용의 적용에 대해서도 고민해 보라. 어떻게 해결할지 아이디어가 떠오를 것이다. 사실 수학에만 국한된 이야기가 아니다. 자신의 시각이 없다면 그건 정말로 재미없게 공부하는 것이고 그저 남의 생각을 받아들이는 것에 지나지 않는다. 이 책을 공부할 때, 아니 수학을 공부할 때 꼭 자신의 언어로 해석해 보라. 자신의 언어로 해석이 된다면 그 속에서 좋은 교수법도 함께 생산됨을 느낄 것이다.

이 책은 10개의 주제로 주당 두 시간 강의의 한학기용으로 구성하였다. 저자는 최선을 다하여 책을 집필하였지만 뜻하지 않는 오류와 미비점이 발견될 수도 있을 것이다. 여러분들의 비판과 충고를 바란다. 기꺼이 출판에 응해주신 교우사 사장님과 보기 좋게 편집해 주신 편집자 분께 감사의 마음을 전한다. 그리고 성심과 성의로 오・탈자의 교정을 보아 준 사랑하는 아내 박혜영과 딸 지원이에게도 감사와 사랑의 마음을 담아 보낸다.

머리말

마지막으로 필자가 아주 좋아하는 글을 소개하면서 머리말을 마치도록 하자. 곧 교사가 되어 학생들을 가르치게 될 여러분들에게, 지금 학생인 여러분들에게 중요하고도 멋진, 그리고 '생각할 거리'를 제공하는 내용이 아닐까? 내용은 '아빠와 함께 수학을'(강석진, 2005)이라는 책에 있다.

> …(전략)…
>
> 그러므로 수학을 가르치는 사람은 학생의 관심과 발달 단계에 따라 적절한 수준의 재미를 제시해야 한다. 학생의 수준은 제시하지도 않고 지나치게 어려운 내용으로 사람을 겁먹게 만들면서 '이것이 바로 수학의 진수(眞髓)'라고 아무리 떠들어봐야 아무도 알아주지 않는다. 반면에 '눈높이 교육'의 의미를 착각하여 학생의 수준을 끌어올릴 노력은 하지 않고 아이 수준에 머물러 서 있으면서 탱자탱자 노는 것은 그야말로 유치찬란한 일이다.
>
> 한편 학생도 스스로 성장해 가면서 새로운 단계의 재미, 새로운 수준의 감동을 찾으려는 '지적 호기심'을 가져야 한다. 그리고 새로운 재미를 맛보기 위해서는 그만큼의 대가를 치러야 한다는 것을 알아야 한다. '수학을 공부하는 재미'는 저절로 얻어지는 것이 아니나라 그 재미를 절실히 원하는 사람이 충분한 희생과 헌신을 쏟아 부었을 때 비로소 허락되는 것이기 때문이다.

저자 강홍재

C·O·N·T·E·N·T·S

목차

제 1 강 좌표와 차원

1. 좌표(座標, coordinates)

좌표(座標)는 글자의 의미 그대로 자리(座)의 표(標)이다. 영어로는 coordinates라 하는데, 아마도 점과 함께(co) 위치(order)를 정하는 것이라는 의미일 것이다. 평면이나 공간에서 점의 위치를 정하는 좌표라는 것을 생각하는 경우 대부분은 우리가 중학교 때부터 학습한 직교좌표계만을 떠올리는 사람이 많다.

그러나 우리가 지금까지 학습하지만 않았을 뿐 사실 평면이나 공간에서 점의 위치를 정하는 좌표의 표현 방법은 고유한 것이 아니라 원점, 좌표축의 선택 방법에 따라 다양한 방법으로 생각할 수 있다.

원점과 좌표축 등을 결정하게 되면, 임의의 좌표는 단지 하나의 점을 가리키게 된다. 그러나 역으로 좌표계에 따라서는 임의의 점에 단 하나의 좌표를 제공할 수 없는 경우도 존재하게 된다.

기하학에서 **좌표계**(coordinates system)라는 것은 어떤 공간의 점 또는 기하학적 대상의 위치를 유일하게 결정하기 위해 하나 또는 여러 개의 수, 또는 좌표를 사용하는 시스템을 의미한다. 기하학적 대상의 위치를 유일하게 결정할 것이기 때문에 2개 이상의 수를 사용할 때에는 그 순서가 매우 중요하다. 이러한 중요성 때문에, 예를 들어 (x, y) 또는 x-좌표, y-좌표 등으로 사용한 것이다.

주어진 도형의 성질을 알아볼 때, 좌표를 사용하여 그 도형에서의 다양한 관계를 숫자나 식으로 나타내어 이 수식을 대수적으로 처리하여 결과를 유도하고, 다시 이 결과를 도형에 적용시켜서 도형의 성질을 도출하는 방법이 있다. 이러한 방법에 의한 도형의 연구를 일반적으로 우리는 **해석기하학**(analytic geometry)이라 부른다.

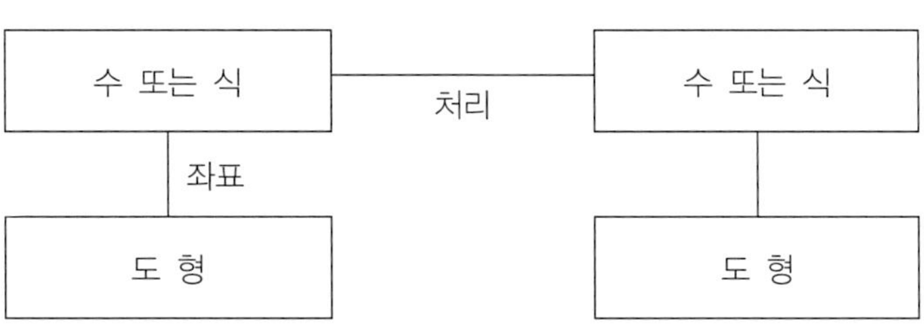

좌표계의 가장 간단한 예는 **수직선**(real number line)을 사용하여 실수를 이 직선 위의 한 점과 동일시하는 것이다. 수직선이란, 여러분들은 초등학교 때부터 잘 학습하였겠지만, 실수 $\mathbb{R}$을 추상화한 것으로 눈금이 있는 직선을 말하고, 이 수직선을 일반적으로 $\mathbb{R}$로 표기한다. 수직선 위의 모든 점은 한 실수에 대응하고, 모든 실수는 수직선 위의 한 점에 대응한다.

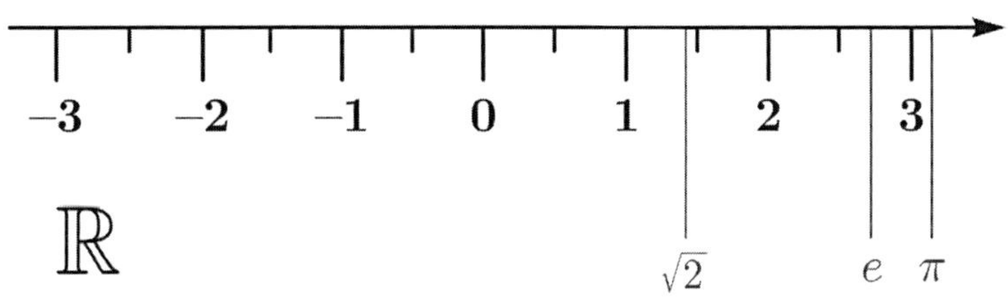

[그림 1.1] 수직선(그림출처: Wikipedia)

수직선을 그릴 때는 일반적으로 수평으로 표시한다. 여기서 하나의 규칙으로 양수는 항상 0의 오른쪽에, 음수는 항상 0의 왼쪽에 두며, 양 끝의 화살표는 각 방향으로 무한히 계속 뻗어 나가는 것을 의미한다고 하자. 왜냐하면 무한의 길이는 물리적으로 표시할 수 없기 때문이다. 또한 실제로 수직선은 두께를 가지고 있지 않지만, 사용자들의 시각화를 위해 두께를 주고 그리게 하고 있음도 유의하도록 하자.

[그림 1.2]에서처럼 일반적으로 수직선 위에 같은 간격으로 특별히 표시된 점으로 정수를 표시한다. [그림 1.2]는 -5에서 5까지의 정수만 보여 주지만, 앞에서 언급하였듯이 수직선은 모든 실수를 포함하며 양 방향으로 계속된다. 그리고 정수 사이에 표시가 안 된 수도 포함하고 있다.

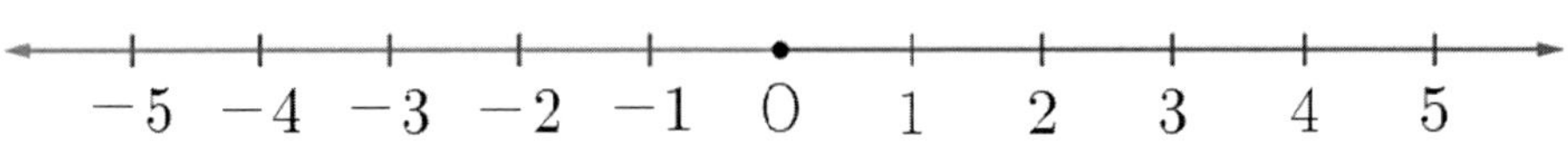

[그림 1.2] 수직선

이 좌표계에서는 원점 O를 이 직선 위의 아무 점이나 선택하면 된다. 그리고 단위길이를 선택하여 그 길이만큼 특별히 표시를 하면 좌표계가 완성이 되는 것이다. 수직선 위의 점 P의 좌표는 고유하며, 각 실수는 고유한 점의 좌표이다.

다음으로 평지에서 어떤 지점의 위치를 정해보도록 하자. 예를 들어, [그림 1.3]에서처럼 New York의 시가에는 동서로 뻗어있는 거리에는 E53rd, E52nd, E51st 등의 이름이, 남북으로 뻗어있는 거리에는 9th Ave., 8th Ave., 7th Ave. 등의 이름이 붙어있다. 이 동서로 뻗어있는 거리와 남북으로 뻗어있는 거리의 교차점은, 예를 들면 E42nd & 7th Ave.라고 부를 수 있을 것이다. 이것이 가장 기본적인 좌표에 관한 사고인 것이다.

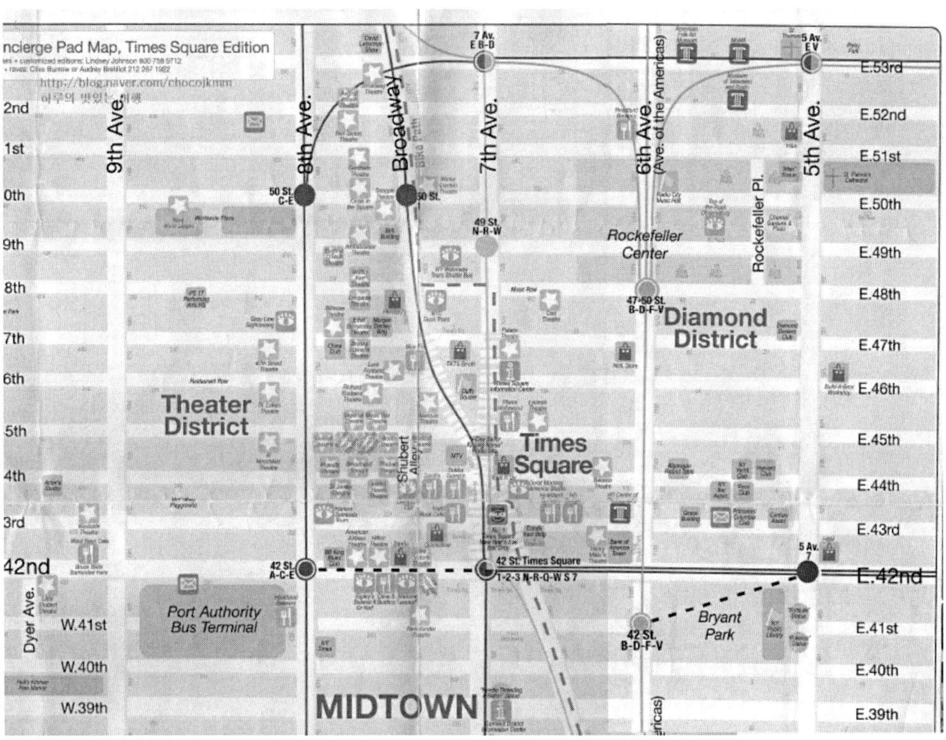

[그림 1.3] New York 지도 - Times Square Edition

이 사고를 조금 수량화하고, Times Square의 E42nd & 7th Ave.를 기준으로 하면

Bryant Park는 동쪽으로 약 300 m,

Port Authority Bus Terminal은 서쪽으로 약 400 m,

Rockefeller Center는 북쪽으로 약 800 m, 동쪽으로 약 400 m

로 나타내는 것이 가능하다. 이런 표현들을 그림으로 나타내면 [그림 1.4]와 같이 나타낼 수 있다.

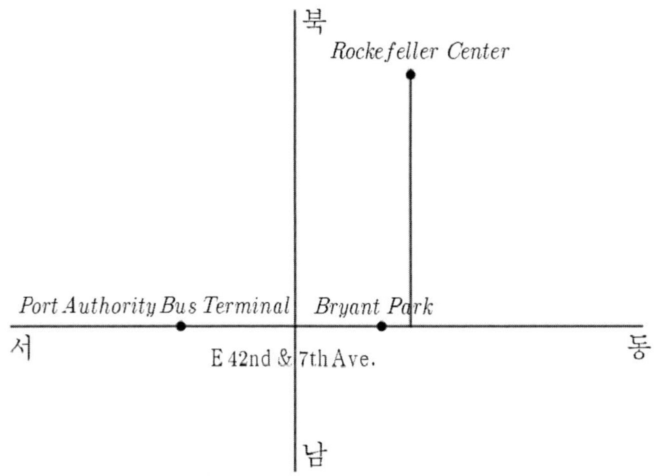

[그림 1.4] 표현

1) 직교좌표(直交座標, orthogonal coordinates)

이 좌표계에서는 먼저 한 점 O와 점 O를 지나고 서로 수직이 되도록 그은 두 직선 X′X, YY′을 생각하자. 즉, 이 두 직선 위에서 O를 **원점**(原點)이라 하고, 같은 척도에 따라 눈금을 그은 수직하는 두 개의 수직선을 생각하자는 의미이다. 따라서 한 점 P의 위치가 두 개의 수 x와 y의 쌍 (x, y)로 결정되는 것이 **직교좌표**이다.

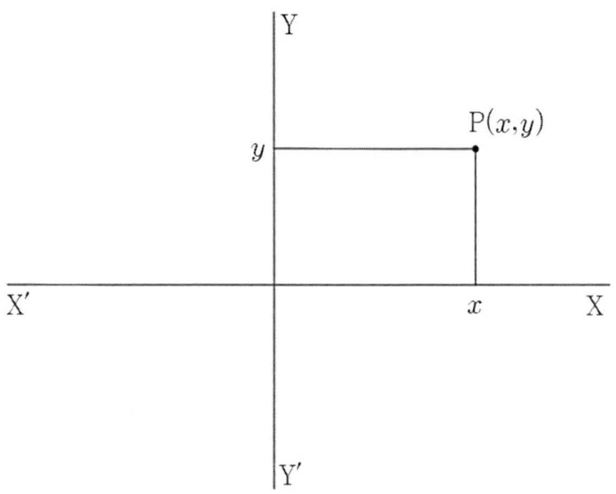

[그림 1.5] 직교좌표

이 직교좌표의 편리한 점은 x, y에 대한 일차방정식 $ax+by+c=0$을 만족하는 (x, y)를 좌표로 가지는 점 전체의 집합은 직선이 된다는 것이나, 두 점 (x_1, y_1),(x_2, y_2)의 거리를

$$\sqrt{(x_1-x_2)^2+(y_1-y_2)^2}$$

로 비교적 간단한 식으로 생각할 수 있다는 것 등을 들 수 있다.

2) 극좌표(極座標, polar coordinates)

수학에서 직교좌표 다음으로 자주 사용되는 것이 바로 **극좌표**일 것이다. 극좌표라는 이름이 아마도 여러분들에게는 생소하게 들리겠지만, 그렇게 어려운 사고를 필요로 하는 좌표계는 아니다. 이 좌표계는 다음과 같은 발상에 의한 것이다.

Times Square의 E42nd & 7th Ave.를 기준으로 하면

Rockefeller Center는 북으로 약 $20°$, 동쪽으로 약 $400\,\text{m}$,

National Museum of Mathematics는 남으로 약 $35°$, 동쪽으로 약 $600\,\text{m}$

와 같이 각 지점의 위치를 E42nd & 7th Ave.로부터의 방향과 거리로 나타내는 것이 가능하다. 이런 표현들을 그림으로 나타내면 [그림 1.5]와 같이 나타낼 수 있다.

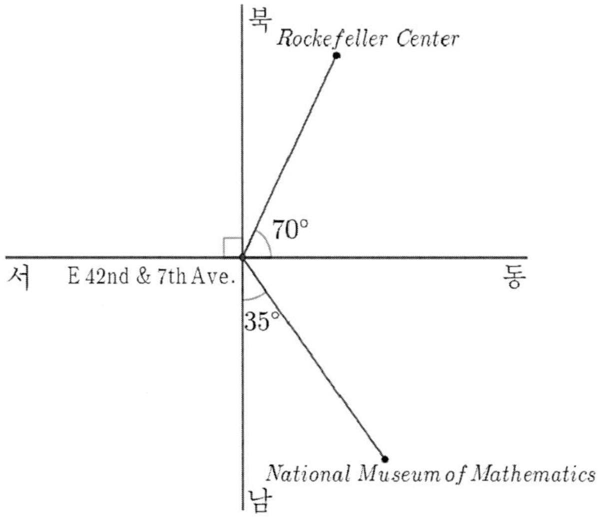

[그림 1.6] 방향과 거리에 의한 표현

위와 같은 사고를 명확하게 한 것이 평면 위에서의 극좌표로 다음과 같이 형식화할 수 있다. 먼저 고정시킨 점 O (이 점을 **원점** 또는 **극**(pole)이라 부른다.)와 O 에서부터 그은 반직선 OX 를 생각하자. 여기에서 임의의 점 P 의 위치를, 선분 OP 의 길이 r과 반직선 OX 에서부터 반직선 OP 의 방향으로 회전시킨 각의 크기 θ로 정하려고 하는 것이다. 즉,

$$\overline{\mathrm{OP}} = r, \quad \angle \mathrm{XOP} = \theta$$

인 두 개의 수 r과 θ를 생각해 (r, θ)를 점 P 의 극좌표로 부르는 것이다.

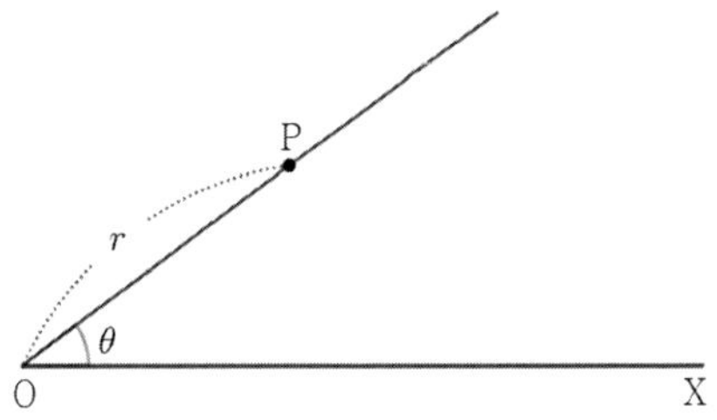

[그림 1.6] 극좌표

직교좌표와는 달리 극좌표에서는 하나의 점을 나타내는 방법이 무한히 많다. 거리가 결정이 되더라도 방향을 결정하는 각의 크기는 여러 바퀴를 돌아 제자리에 돌아와도 그 위치는 변하지 않기 때문이다. 따라서 일반적으로 (r, θ)는

$$(r, \theta \pm 2n\pi) \quad \text{단, } n \text{은 임의의 정수}$$

로 표현될 수 있다. 그러나 θ의 범위를 $0 \le \theta < 2\pi$ 또는 $-\pi < \theta \le \pi$ 등으로 제한하면 방향을 결정하는 각의 크기 θ는 유일하게 결정된다.

극좌표에 대한 발상은 아주 자연스럽지만, 앞서 학습한 직교좌표와 비교하면 기본적으로 불편하다. 그래서 특수한 경우에 사용된다고 말할 수 있다. 이렇게 말할 수 있는 주된 이유는 r과 θ의 일차방정식 $ar + b\theta + c = 0$을 만족하는 (r, θ)를 좌표로 가지는 점 전체의 집합이, 일반적으로 직선이 되지 않는다는 것이다. 실제로

$$r - 1 = 0$$

이라면, 이 식을 만족하는 점 (r, θ) 전체의 집합은 [그림 1.7]에서 볼 수 있는 원점을 중심으로 하고, 반지름의 길이가 1인 원이 된다.[1)]

---

1) 참고로 $r - k\theta = 0$ (단, k는 양의 상수)를 만족하는 점 (r, θ) 전체의 집합은 나선(螺線)이 된다.

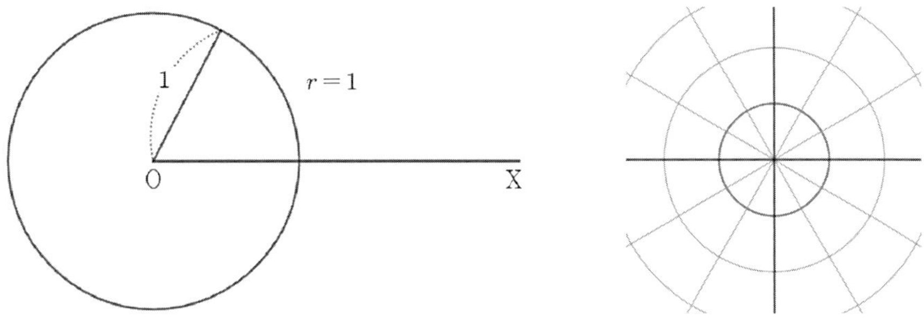

[그림 1.7] $r-1=0$의 그래프

한 발만 더 내디디어 보자. 직교좌표에서 기준이 되는 원점 O 와 직선 OX , OY 를 다른 원점 O′과 직선 O′X′, O′Y′으로 바꿀 때, 같은 점 P 는 처음 기준에 의한 좌표 (x, y)와 바꾼 기준에 의한 좌표 (x', y')의 사이에는

$$x' = x\cos\theta + y\sin\theta + a,$$

$$y' = -x\sin\theta + y\cos\theta + b$$

라는 관계가 있음이 알려져 있다. 이 두 식이 복잡하게 보일지도 모르지만,

x', y'이 x, y의 일차식으로 표현되어 있다

는 것이 매우 편리한 점이다.

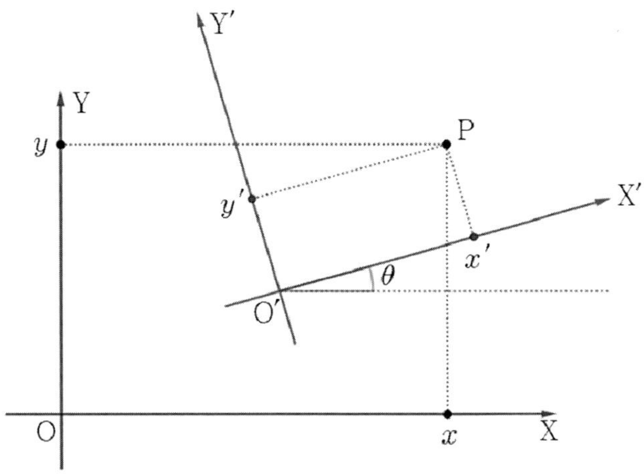

[그림 1.8] 직교좌표에서 좌표축의 변환

이에 반해 극좌표에서는 기준이 되는 원점 O 와 직선 OX , OY 를 다른 원점 O′과 직선 O′X′, O′Y′으로 바꿀 때, 같은 점 P 는 처음 기준에 의한 좌표 (r, θ)와 바꾼 기준에 의한 좌표 (r', θ')의 사이에는

$$r'^2 = r^2 + c^2 - 2cr\cos(\theta - \alpha),$$

$$\frac{\sin(\theta' + \beta - \alpha)}{r} = \frac{\sin(\theta - \alpha)}{r'}$$

라는 아주 복잡한 관계가 있음이 알려져 있다. 그냥 보기에도 이 식을 응용하는 것은 매우 불편해 보인다. 그럼에도 불구하고

특별한 점이 중요한 역할을 하고 있는 문제

에서는 극좌표가 효과적으로 사용되는 경우도 많기 때문에 중요한 좌표계라고 말할 수 있을 것이다.

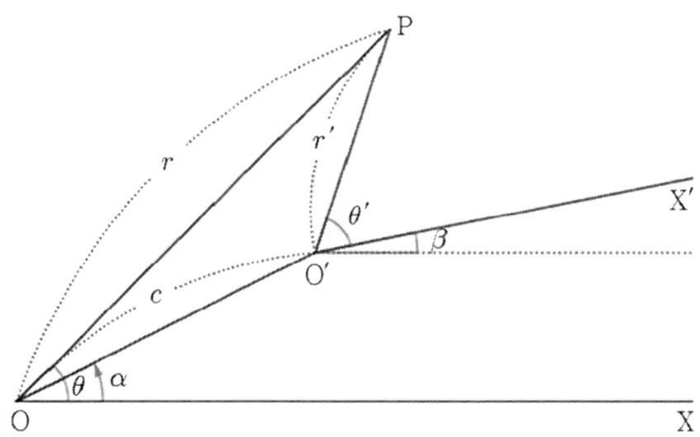

[그림 1.9] 극좌표에서 좌표축의 변환

극좌표로 나타낸 곡선의 방정식 $r = f(\theta)$를 극방정식이라 한다. 극방정식의 그래프는 일반적으로 극좌표 r과 θ가 만족하는 모든 점을 지나는 하나의 곡선을 나타낸다. 극방정식을 만족하는 점을 구할 때에는 θ에 하나의 값을 대입하여 이에 대응하는 r의 값을 구하면 된다. 곡선을 그릴 때에는 혼란을 피하기 위하여 θ가 증가하는 차례대로 주어진 방정식을 만족하는 점들을 구하여 연결하는 것이 편리하다.

이 교재는 평면 위의 점을 통상적으로 직교좌표계를 이용하여 표현하는 방법 외에 다른 방법으로도 표현할 수 있고 이를 소개하는 수준에서의 학습에 그 목적을 두고 있다. 따라서 극좌표에 대한 더 깊은 내용은 다른 훌륭한 교재에 미루기로 하자.

극방정식의 그래프는 재미있는 것들이 꽤 많이 있다. 두 가지만 소개하기로 하자.

먼저 Cardioid라 부르는 $r=2a(1-\cos\theta)$ 이다. 극방정식의 표현은 간단하지만 이를 직교좌표로 나타내면

$$(x^2+y^2)(x^2+y^2+4ax)-4a^2y^2=0$$

이다. 너무 복잡하다. 이것이 극방정식의 위력이다. 각설하고.

[그림 1.10]의 왼쪽 그림에서처럼 반지름의 길이가 a 인 두 원이 접하고 있다 하자. Cardioid 곡선은 하나의 원이 고정된 원을 따라서 돌 때, 접점이 그리는 자취이다. 심장을 나타내는 기호 ♡와 모양과 닮아 우리나라에서는 이를 **심장형**이라 부른다.

다음으로 polar rose라 부르는 $r=a\sin(n\theta)$ 이다. 극좌표에 의해 그려진 sin 곡선을 의미한다. n 이 짝수일 때는 $2n$ 개의 꽃잎이, n 이 홀수일 때는 n 개의 꽃잎이 그려진다. 그리고 a 는 원점과 원점에서 가장 멀리 떨어진 점 사이의 거리를 나타낸다. rose라는 이름은 이탈리아의 수학자 G. Grandi(1671-1742)에 의해 붙여졌다. 장미와 닮아 우리나라에서도 이를 **장미곡선**이라 부른다.

[그림 1.10]의 오른쪽 그림이 $r=2\sin(4\theta)$ 의 그래프이다. $n=4$ 이므로 8장의 꽃잎을 볼 수 있다. 곡선 $r=\sin(2\theta)$ 의 그래프는 4장의 꽃잎이며 sin 함수의 대칭성으로 X 자 모양임을 유추할 수 있고, 곡선 $r=\sin(3\theta)$ 의 그래프는 3장의 꽃잎이며 sin 함수의 대칭성으로 Y 자 모양임을 유추할 수 있을 것이다.

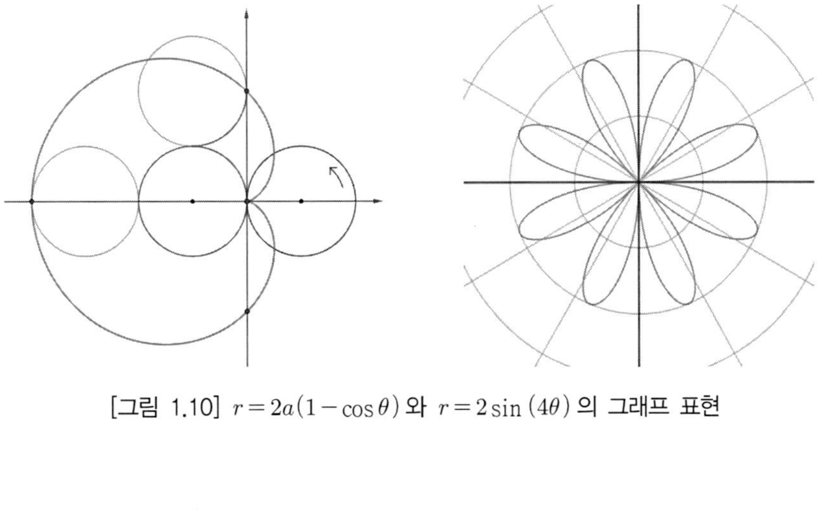

[그림 1.10] $r=2a(1-\cos\theta)$ 와 $r=2\sin(4\theta)$ 의 그래프 표현

3) 직교좌표와 극좌표의 관계

여기에서 직교좌표와 극좌표 사이의 관계를 살펴보자. 사실 두 좌표 사이의 관계는 분명하다. 먼저, 직교좌표로 (x, y)인 점을 극좌표로 표현하면 Pythagoras 정리에 의하여 원점까지의 거리 r은

$$r = \sqrt{x^2 + y^2}$$

으로 주어진다. 그리고 θ의 탄젠트 값이 $\frac{y}{x}$이므로

$$\tan\theta = \frac{y}{x}$$

이다. 앞에서 설명한 것과 같이 이러한 θ는 유일하게 결정되지는 않는다. 그러나 θ의 범위를 $0 \le \theta < 2\pi$ 또는 $-\pi < \theta \le \pi$ 등으로 제한하면 θ의 값은 유일하게 결정된다.

한편, 평면의 점의 극좌표 (r, θ)를 알고 있다면 그 점의 직교좌표는

$$x = r\cos\theta, \qquad y = r\sin\theta$$

에 의하여 결정된다.

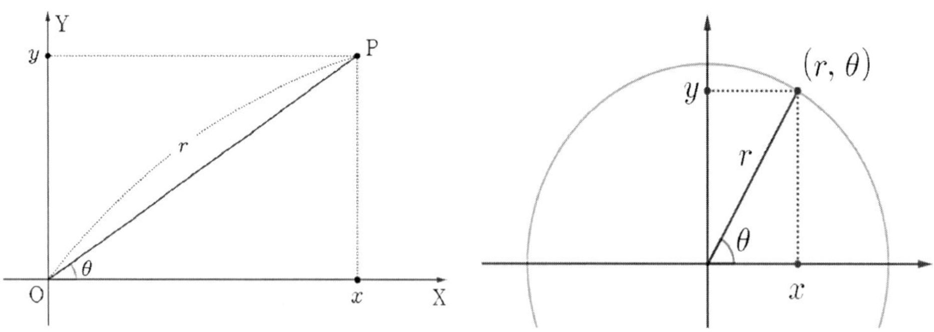

[그림 1.11] 직교좌표와 극좌표의 관계

2. 차원(dimension)

차원(次元)은 임의의 기하학적 대상을 이해하기 위해서 또는 시각적으로 복잡한 것들에 대해 정확한 매개변수를 제시해야하기 때문에 수학이나 물리학에서 아주 중요한 개념이라 할 수 있다. 그리고 이 개념은 직접 시각화할 수 없는 추상적인 대상에까지 적용할 수 있다. 예를 들어, 시간의 개념은 지금(now), 이전(before), 후(after)만으로 생각할 수 있기 때문에 1차원으로 생각할 수 있다. 왜냐하면, 전과 후는 과거로 얼마나 거슬러 올라가는지, 미래로 얼마나 나아가는지 하는 것에 관계없이 확장되기 때문에 시간은 선, 즉 1차원 개체와 같은 것이라 설명할 수 있다.

Euclid(유클리드)의 명저 기하학원론(Elements, Stoicheia)에는 점을 부분이 없는 것으로, 선을 폭이 없는 길이로, 면을 길이와 폭만을 갖는 것으로 정의하면서, 입체를 길이와 폭과 높이를 갖는 것이라고 정의하고 있다. 아마도 이 정의가 차원에 대한 가장 소박(?)한 사고일 것이다. 길이, 폭, 높이가 각각 차원이며, 공간은 이 3가지 차원을 가지고 있는 것들의 집합이라고 그리스 시대에는 생각하였다고 할 수 있다.

이 사고는 Galileo에 의해 더욱 명확하게 '공간에서 한 점을 지나 서로 수직으로 만나는 직선은 3개이고, 4개 이상의 직선을 모두 수직으로 만나게 할 수 없다. 따라서 공간의 차원은 3이다.'와 같이 제시하였다. 이후 오늘날의 해석기하학을 탄생시킨 Descartes는 차원을 확정하는 좌표축이 공간에 설정된다는 아이디어를 제시하였다.

여러분들이 고등학교 때까지 학습해서 이해하고 있는 내용 즉, 축이 1개 필요한 차원은 1차원, 2개 필요한 차원은 2차원, 3개 필요한 차원은 3차원 등으로 방향을 나타내는 축이 몇 개 필요한가?'에 따라 결정되는 것이 차원이라고 정의하면 Descartes가 제시한 아이디어에 의한 정의가 되는 것이다.

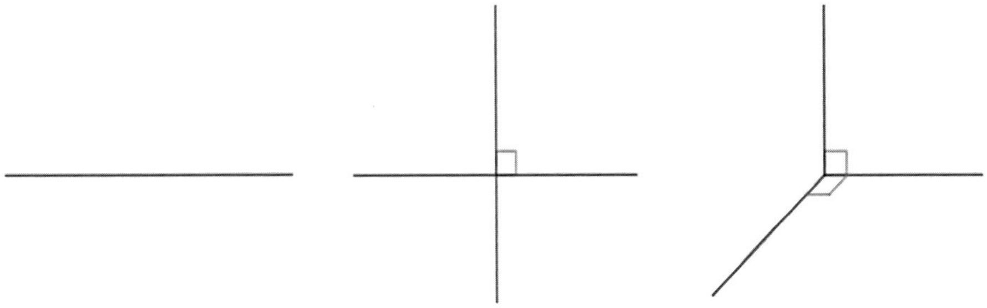

[그림 1.12] 축의 개수에 의한 차원 정의

사실 이렇게 정의하여 사용해도 된다. 고등학교 때까지의 학습 내용이 이 정의만으로 충분하기 때문이기도 하다. 그런데 우리의 직관에 호소할 수는 없지만, 4차원 공간의 4개의 축은 어떻게 만나고 있을까? 만약 평면에 생물체가 살고 있다고 가정하면 이 생물체는 우리와 같은 고민을 할 것이다. '3차원 공간의 3개의 축은 어떻게 만나고 있을까?'라고 말이다. 그렇다. 생물체도 우리도 이 그림들을 그릴 수 없다. 다시 말해 4차원은 물리적인 공간에는 없는 것이다. 그럼에도 불구하고 수학은 4차원, 6차원 심지어 n차원의 이론들을 발전시키고 있다. 차원의 수학적인 명확한 정의를 이 교재의 수준에서 언급한다는 것은 사실 많은 무리가 따른다. 따라서 방향을 나타내는 축의 개수에 따른 정의와 크게 다르지는 않지만, 차원의 정의를 하나만 더 소개하도록 하자.

수학적인 공간의 차원을 '공간 내부에 있는 임의의 점을 지정하기 위해 필요로 하는 좌표 수의 최소 개수'로 약속해 보자. 이렇게 약속을 하면 직선은 1차원이다. 왜냐하면 직선 위에 있는 한 점을 지정하기 위해 필요로 하는 좌표 수의 최소 개수는 하나이기 때문이다. 간단한 예를 들면 앞에서 학습한 수직선을 생각하면 된다. 수직선 위의 임의의 한 점을 지정하기 위해서 우리는 x좌표 하나만 필요하기 때문이다. 그렇다면 평면은 어떠한가? 당연히 평면 위에 있는 임의의 한 점을 지정하기 위해 필요로 하는 좌표 수의 최소 개수는 둘, 즉 (x, y)이기 때문에 평면의 차원은 2이다. 사실 구의 표면도 2차원이다. 왜냐하면 위도와 경도로 구면 위의 모든 점을 지정할 수 있기 때문이다. 그리고 직육면체 등의 한 꼭짓점을 지정하기 위해 필요로 하는 좌표 수의 최소 개수는 3이기 때문에 그 점은 $(x_1, x_2, x_3) = (x, y, z)$로 표현될 것이다. 이러한 방법으로 n차원은 한 점을 지정하기 위해 필요로 하는 좌표 수의 최소 개수가 n이다. 따라서 그 점을

$$(x_1, x_2, \cdots, x_n)$$

으로 표현하면 된다.

간단한 예로 한 점에서 같은 거리$(=1)$에 있는 점들의 집합을 생각해 보자.

$$x^2 = 1\ ,\ \ x^2 + y^2 = 1\ .\ \ x^2 + y^2 + z^2 = 1$$

등은 우리가 잘 아는 표현이다. 그러면 4차원에서는 어떨까?

$$(x_1)^2 + (x_2)^2 + (x_3)^2 + (x_4)^2 = 1$$

3. Doodle

[그림 1.1]에서 여러분들은 우리가 잘 알고 있는 $\sqrt{2}$ 와 π 외에 아주 이상한 문자(?)를 발견하였을 것이다. 2와 3사이에 있는 바로 e 이다. 수능준비를 하면서 수학 가형을 공부한 학생은 익히 잘 아는 수이고, 수학 나형을 공부한 학생에게는 이상한 문자에 불과했을 것이다. 수학에서는 '**수학적 상수**(mathematical constant)'라고 부르는 몇 개의 재미있는 수들이 있다.

1) Pythagoras' constant $\sqrt{2}$

먼저 Pythagoras 상수라고도 불리는 무리수 $\sqrt{2}$ 이다. 기하학적으로 $\sqrt{2}$ 는 단위길이를 가지는 정사각형의 대각선의 길이를 나타낸다. 이 수는 무리수이기 때문에 소수부분이 순환하지 않는다. 소수점 아래 40자리만을 제공하면 다음과 같다.

$$\sqrt{2} \fallingdotseq 1.41421\ 35623\ 73095\ 04880\ 16887\ 24209\ 69807\ 85696$$

미국 Yale대학교 Sterling 기념도서관은 YBC(Yale Babylonian Collection)라는 이름으로 약 45,000점에 이르는 방대한 자료를 소장하고 있다. 이 자료들 중 YBC7289는 기원전 1800-1600 경에 Mesopotamia 남부의 한 학생이 공부한 흔적으로 여겨지고 있는 사료이다. 이 학생이 공부한 내용은 60진법을 사용했던 바빌로니아 사람들이 사용한 $\sqrt{2}$ 의 근삿값의 계산이다.

[그림 1.13] YBC7289(그림출처: Wikipedia)

[그림 1.13]에 있는 숫자를 사용하여 실제로 계산해 보면

$$1+\frac{24}{60}+\frac{51}{60^2}+\frac{10}{60^3}=\frac{305470}{216000}=1.41421\overline{296}$$

이다. Pythagoras의 생몰(生歿)을 기원전 570?-495?라고 추정하고 있으므로 바빌로니아의 수학은 매우 발달해 있었다고 보아도 될 것이다.

수에 대한 이론을 만물의 근원이자 철학의 핵심 요소로 삼았던 Pythagoras 학자들은 정사각형에서 대각선의 길이와 한 변의 길이가 **통약불가능**(incommensurable)이라는 것을 발견했다. 이 발견의 때나 상황에 관해서는 알려진 것이 거의 없다.

통약불가능(通約不可能), 조금 어려운 말이지만 글자 그대로 해석하면 통분(通分), 약분(約分)을 할 때 공통적인 인수가 없어 할 수 없다는 것을 의미한다. 여러분들이 잘 알고 있는 용어로 하면 한 변의 길이가 1인 정사각형의 대각선의 길이 $\sqrt{2}$는 무리수라는 것을 발견했다는 말과 같은 의미이다. J. Conway와 R. Guy가 1996년에 지은 책 'The Book of Numbers'에서 $\sqrt{2}$를 Pythagoras 상수라고 불렀다.

Pythagoras학파를 설명하는 많은 책에서 $\sqrt{2}$의 발견을 누설한 이유로 살해된 사람의 이름으로 Hippasus가 자주 언급되지만 이는 전설에 따른 것임도 알아두자.

2) Archimedes' constant π

원주율(圓周率) π는 원둘레와 지름의 비 즉, 원의 지름에 대한 원둘레의 비율로 정의되는 수학, 물리학, 공학에서 흔히 사용되는 상수이다. 원은 그 크기와 관계없이 항상 닮은 도형이므로 원의 지름에 대한 원둘레의 비율 또한 항상 일정하다. 이 수 또한 무리수이기 때문에 소수부분이 순환하지 않는다. 소수점 아래 40자리만을 제공하면 다음과 같다.

$$\pi \fallingdotseq 3.14159\ 26535\ 89793\ 23846\ 26433\ 83279\ 50288\ 41971$$

원주율을 나타내는 그리스 문자 π는 주변을 의미하는 그리스어 περίμετρος의 머리글자에서 유래되었다고 한다. 이 문자 π는 영국의 수학자 William Oughtred에 의해 1631년 처음 사용되었다. 재미있는 사실은 상수 π를 가리키는 단어로 우리나라, 중국, 일본은 원주율을, 독일은 Kreiszahl(Kreis는 원(주), Zahl은 수를 의미)를 사용하지만, 독일을 제외한 유럽의 여러 언어에는 우리가 사용하는 원주율에 해당하는 단어는 없고 π를 계산한 Archimedes의 이름을 따서 Archimedes' constant라고 부른다. 특히 영국과 독일에서는

Ludolph's constant라고 오랫동안 사용하였다고 전해진다. 왜냐하면 독일에서 태어난 Netherlands의 수학자 Ludolph van Ceulen(1540-1610)의 주요 업적은 π에 대한 정확한 계산이었기 때문에 그를 기리기위해서였다. 그의 계산 방법은 원에 내접・외접하는 정다각형을 이용한 것으로 Archimedes가 계산한 정구십육각형을 이용한 방법과 동일하다. 그는 먼저 정5×2^{25} 각형을 시작으로 정4×2^{28} 각형, 정3×2^{21} 각형, 정15×2^{21} 각형으로 계산하여 소수점 아래 20자리까지 정확히 계산하였고, 마지막으로 정2^{62} 다각형을 이용하여

$$\pi \fallingdotseq 3.14159\,26535\,89793\,23846\,26433\,83279\,50288$$

와 같이 소수점 아래 35자리까지 정확히(?) 계산하였다.2)

π는 그에 대한 내용만으로도 두꺼운 책을 만들 수 있을 만큼의 유구한 역사와 방대한 표현을 가지고 있다. 따라서 여러분들이 그 내용과 표현을 알 수 있는 것 중 하나만 제시하도록 하자. 그것은 Leibniz formula라 불리는 무한급수 표현이다.

$$\frac{\pi}{4} = 1 - \frac{1}{3} + \frac{1}{5} - \frac{1}{7} + \frac{1}{9} - \cdots = \sum_{k=0}^{\infty} \frac{(-1)^k}{2k+1}$$

여러분들은 혹 pi day를 알고 있는지 모르겠다. 지금 초등학생들이 사용하는 원주율의 근삿값 중 하나인 3.14를 생각하여 많은 나라에서 3월 14일을 pi day라 부르고 있다. 특히 미국은 2009년부터 National pi day로 지정하고 있을 정도이고, 일본은 이보다 빨리 1997년부터 '수학의 날'이라 부르고 있다. 이 날 여러 가지 행사가 개최된다. 대표적인 것이 pi와 동음이의어인 pie를 만들어 먹는다. 대학에서는 크림으로 만든 작은 파이를 먹거나 pieing(pie를 장난스럽게 친구들의 얼굴에 치는 행위)을 한다. 원주율 암기 대회, 원주율 노래 경연 등 다양한 행사들이 열린다. 순환하지 않는 무한소수의 의미로 이날 결혼식을 올리는 커플들도 있을 정도이다.

pi day에 대한 큰 규모의 공식적인 행사는 San Francisco에 있는 과학・예술박물관 Exploratorium에서 1988년 처음으로 기획하였다. 사실 박물관이라기보다는 과학을 지식만이 아닌 체험을 통해 이해하는 것을 중시한 세계적 규모의 체험학습장이라 보는 것이 더 어울린다. 정말 적어도 한 번은 가 볼만한 곳이다.

2) J. O'Connor & E. Robertson, Ludolph van Ceulen, University of St Andrews.

3) Euler's number e

이 수가 처음 언급된 것은 1618년 John Napier[3)]에 의해서지만, 상수로서의 발견은 1683년 Jacob Bernoulli(1654-1705)가 복리(複利)에 대한 연구에서 다음과 같은 식의 값을 구할 때라고 할 수 있다.[4)]

$$\lim_{n \to \infty}\left(1+\frac{1}{n}\right)^n$$

위 식을 계산하면 물론 e이다. 이 수 또한 무리수인데. 소수점 아래 40자리만을 제공하면 다음과 같다.

$$e \fallingdotseq 2.71828\ 18284\ 59045\ 23536\ 02874\ 71352\ 66249\ 77572$$

이과 출신 학생들은 자연로그를 사용할 때 이미 학습한 것이지만, 문과 출신 학생들은 아마 처음 보는 학생들이 대다수일 것이다. 그러나 사실 교과서나 참고서적의 아주 구석에 한 번 쯤은 얼굴을 내밀었던 아이이다. 평균을 m, 표준편차를 σ로 하는 정규분포에서 확률밀도함수가

$$f(x) = \frac{1}{\sqrt{2\pi\sigma^2}}e^{-\frac{(x-m)^2}{2\sigma^2}}$$

으로 주어지는 확률분포를 학습할 때이다. 특히 $m=0$, $\sigma=1$일 때인 표준정규분포에서의 확률밀도함수는 $f(x) = \frac{1}{\sqrt{2\pi}}e^{-\frac{x^2}{2}}$이었다.

이 수 또한 다음과 같은 아주 멋진 무한급수의 합으로 표현할 수 있다.

$$e = 1 + \frac{1}{1!} + \frac{1}{2!} + \frac{1}{3!} + \frac{1}{4!} + \cdots = \sum_{k=0}^{\infty}\frac{1}{k!}$$

재미삼아 마지막으로 e와 2를 발음으로 구별할 수 있는가? 경상도 사람들만 구별할 수 있다는 전설과도 같은 이야기가 인터넷에서 돌고 있다.

---

3) John Napier(1550-1617) : Scotland 출신의 수학 · 천문학자. 로그(logarithm)를 발명한 것으로 유명하다. 교육대학을 졸업하기 전에 한 번은 수학교과 교육시간에 네이피어 막대(Napier's bones)에 대하여 공부할 기회가 있을 것이다. 이 막대는 곱셈을 덧셈만으로 계산할 수 있도록 만든 도구이다. 로그와 마찬가지로 Napier가 과학에서 다루어지는 계산을 어떻게 하면 쉽게 할 수 있을 것인가를 위해 노력한 성과의 하나로 얻어진 도구라고 간단하게 설명할 수 있다.

4) J. O'Connor & E. Robertson. The number e. University of St Andrews

▶▶ 연습문제 1

1. 다음 방정식을 직교좌표에서 극좌표로 바꾸시오.

   1) $y = -x$

   2) $x^2 + y^2 = a^2$

   3) $y^3 = ax^2$

2. 다음 방정식을 극좌표에서 직교좌표로 바꾸시오.

   1) $\theta = \dfrac{\pi}{4}$

   2) $r = \dfrac{a}{\cos\theta}$

   3) $r = \dfrac{\tan\theta}{\cos\theta}$

제 2 강 각과 각도

1. 각(角, angle)

2015 개정 교육과정에 따른 초등학교 수학교과서는 3학년 1학기 2단원인 '평면도형'에서 [그림 2.1]와 같이 한 점에서 그은 두 반직선으로 이루어진 도형을 각이라고 약속한다. 그리고 각의 꼭짓점과 변의 약속하기도 함께 제시하고 있다. 이후 4학년 1학기 2단원인 '각도'에서 각의 크기를 각도라고 약속하고, 각의 작도와 예각, 둔각 등을 학습하도록 하고 있다.

한 점에서 그은 두 반직선으로 이루어진 도형을 각이라고 합니다.
그림의 각을 각 ㄱㄴㄷ 또는 각 ㄷㄴㄱ이라 하고, 이때 점 ㄴ을 각의 꼭짓점이라고 합니다.
반직선 ㄴㄱ과 반직선 ㄴㄷ을 각의 변이라 하고, 이 변을 변 ㄴㄱ과 변 ㄴㄷ이라고 합니다.

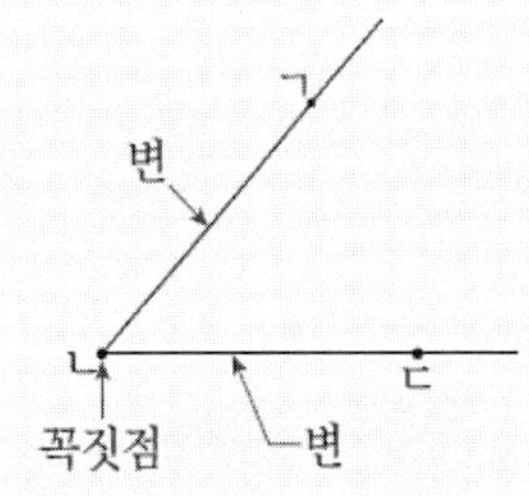

[그림 2.1] 초등학교 교과서에서의 각의 정의

일반적으로 평면기하학에서 **각**이라 함은 끝점을 공유하고 있는 두 반직선에 의해 만들어지는 도형을 말한다. 이때 공통의 끝점을 **각의 꼭짓점**(vertex of angle)이라 부르고, 두 반직선을 **각의 변**(sides of angle)이라 부른다.[1)]

그런데 이렇게 정의하면 즉, 각의 꼭짓점 O와 두 반직선이 정해지면, [그림 2.2]에서처럼 이들에 의해 주어진 평면 α는 2개의 영역으로 분할이 된다. 이때 만들어지는 두 영역 α_1, α_2에 대하여 각 영역에 대응하는 각이 만들어지게 되는 것은 아주 자연스럽다.[2)] 그러면 각은 이 2개의 각 중에서 어떤 것을 의미할까?

---

1) 현대수학의 아버지라고 불리는 독일의 수학자 David Hilbert(1862-1943)가 저서 '기하학기초'에서 끝점을 공유하는 두 반직선의 쌍'으로 각을 정의하여 대부분 이 취지의 정의를 채택하고 있다.

2) 평면 α 위에서 두 직선이 한 점에서 교차(交差)할 때, 평면 α는 4개의 영역으로 분할되고 각각의 영역에 대응하는 4개의 각이 생기게 된다. 이러한 4개의 각을 일반적으로 '두 직선이 이루는 각'이라 부른다. 이때, 서로 반대쪽에 있는 한 쌍의 각을 vertical angles이라고 부른다. 한 점에서 교차하는 두 직선은 같은 평면 위에 있기 때문에 '평면 위에서'라는 조건은 사실 필요 없다.

2. 각도(角度, measure of angle)

이 2개의 각 중 각도가 큰 쪽을 **우각**(優角, reflex angle), 작은 쪽을 **열각**(劣角)이라고 부른다. 또한 두 반직선이 **평각**(180°)을 이룰 때는 특별히 우각 또는 열각으로 구별하지 않는다. 그리고 어떤 정점을 끝점으로 공유하고 있는 두 반직선에 의해 생기는 우각과 열각의 크기의 합은 360° 로 일정함은 명백하다. 일반적으로 특별한 언급이 없을 때에는 각은 열각을 지칭한다.

중학교 때 배운 삼각비를 일반화하여 고등학교에서는 270°, $-45°$, $360°n \pm 30°$ 등의 각도들이 등장한다. 90°가 아닌 각에 대해서 직각삼각형을 그릴 수가 없는데? 라는 의문을 가졌을 것이고, 이러한 의문을 가지는 것이 오히려 학습자의 입장에서는 자연스럽다. 270°, $-45°$, $360°n \pm 30°$ 등과 같은 양의 각, 음의 각, 일반각들을 해결하기 위해서는 조금 더 확장된 각의 정의가 필요하다.

▌정의 2.1▐ 평면 위의 한 점 O 로부터 시작되는 두 반직선 OX 와 OP 로 만들어지는 도형을 **각**(angle)이라 하고 기호로 ∠XOP 로 나타내며, OP 가 OX 를 출발하여 회전한 양을 각의 크기, 즉 **각도**(measure of angle)라고 한다. 이때, 반직선 OX 를 **시초선**(始初線), 반직선 OP 를 **동경**(動徑)이라고 한다.

그리고 동경 OP 가 점 O 를 중심으로 회전할 때, 시계 반대 방향으로 회전한 각을 **양의 각**, 시계 방향으로 회전한 각을 **음의 각**이라 한다. 이때, 각의 크기는 동경의 회전 방향에 따라 양의 부호(+), 음의 부호(−)를 붙여서 나타낸다.[3)]

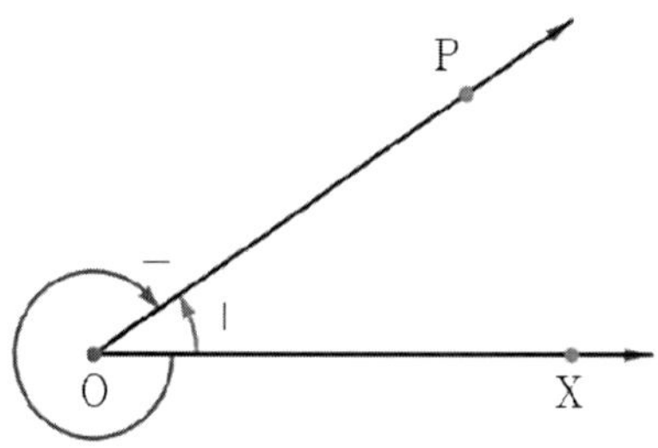

[그림 2.2] 각의 정의

3) 양의 부호(+)는 특별한 경우가 아니면 생략하여 표현한다.

따라서 각의 크기는 시초선을 기준으로 동경의 회전 방향과 회전한 양에 의하여 결정된다. 즉, 동경의 위치가 유일하게 결정된다. 그러나 동경의 위치가 정해지더라도 각의 크기는 유일하게 결정되지 않는다. [그림 2.3]이 그 예이다.

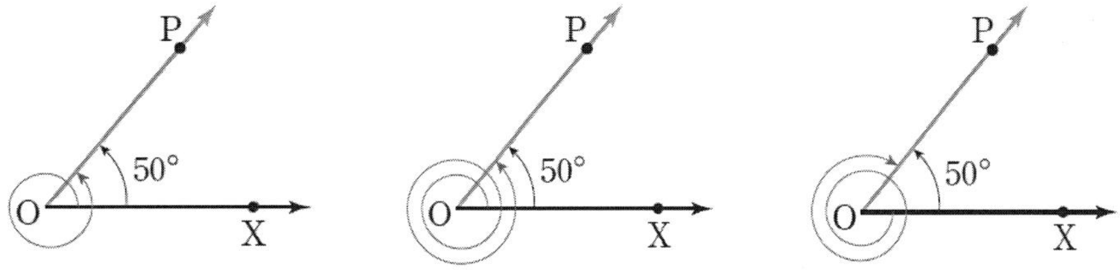

$360° \times 1 + 50° = 410°$ $360° \times 2 + 50° = 770°$ $360° \times (-2) + 50° = -670°$

[그림 2.3] 50°를 나타내는 동경에 대한 각의 크기의 예

▎정의 2.2▎ [그림 2.4]와 같이 시초선 OX 와 동경 OP 에 의하여 ∠XOP 가 주어질 때, 동경 OP 가 나타내는 한 각의 크기를 $\alpha°$라 하면 동경 OP 가 나타내는 각의 크기는 다음과 같이 나타낼 수 있다.

$$360° \times n + \alpha° \quad (\text{단, } n\text{은 정수})$$

이것을 동경 OP 가 나타내는 **일반각**이라 한다.

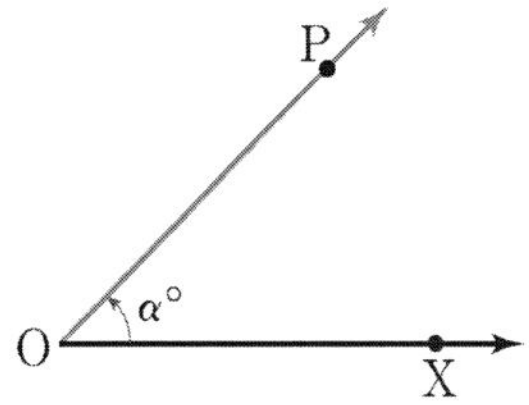

[그림 2.4]

[정의 2.2]에서의 n은 동경이 회전한 방향과 횟수를 나타내고, 일반적으로 $\alpha°$는 $0 \le \alpha < 360$의 범위에서 나타내는 것이 보통이다.

문제 2.3 ▎ 다음 각의 동경이 나타내는 일반각을 $360° \times n + \alpha°$의 꼴로 나타내시오.

1) 45° 2) 420° 3) −330°

1) 도(度, arc degree)

도는 각도의 단위 중 하나로, 원둘레를 360등분한 원호에 대한 중심각의 크기를 의미한다. 도의 단위기호는 °이다. 그런데 우리가 잘 알고 있는 이 도가 국제단위계에서 정한 각도의 단위가 아니라는 사실이다. 즉 국제단위계에서는 각의 크기에 관한 표준단위가 따로 있다는 말이다. 도에 대해서 국제단위계는 'accepted unit'이라고 표현하고 있다.

각도의 단위로 도를 선택하게 된 이유는 잘 알려져 있지 않다. 여러 가지 이야기들이 있지만, 그 중 숫자 360이 1년의 길이와 거의 같았기 때문이라는 추정이 제일 일반적으로 알려져 있다. 페르시아 달력 등 일부 고대 달력들이 1년의 길이를 정확히 360일로 잡았던 점을 고려하면 도 단위를 사용한 것과 육십진법이 관련이 있을 것으로 추정할 수도 있을 것도 같다. 또한, 360이 약수를 많이 가지고 있어서 나눗셈을 쉽게 할 수 있는 수이기 때문이라는 주장도 있다. 실제로 360은

$$1, 2, 3, 4, 5, 6, 8, 9, 10, 12, 15, 18, 20, 24, 30, 36, 40, 45, 60, 72, 90, 120, 180, 360$$

와 같이 24개의 약수를 가지고 있고, 1부터 10까지의 수 중 7을 제외한 모든 수가 약수이다. 7을 제외하고는 모두 나누어떨어진다는 의미이다. 나눗셈을 쉽게 할 수 있는 수이기 때문이라고 주장할 수도 있을 것 같다. 추정이라는 사실에 기반을 둔다면 선택은 여러분의 몫이다.

초·중등학교를 다니면서 1°는 도에 대한 학습이라는 실제적인 목적에 부합하는 아주 작은 각도이었기 때문에 1°보다 더 작은 단위에 관한 학습은 하지 않았지만, 여기서는 아주 조금 다루어 보기로 하자.

전통적으로, 1°보다 더 작은 단위로 사용되는 것은 분(minute)과 초(second)이다. 1분은 $1'$으로 쓰며 1°를 60등분한, 즉 1°의 $1/60$이다.

$$1' = \left(\frac{1}{60}\right)^{\circ} \quad \text{또는} \quad 60' = 1^{\circ}$$

1초는 $1''$으로 쓰며 $1'$을 60등분한, 즉 $1'$의 $1/60$이다.

$$1'' = \left(\frac{1}{60}\right)' = \left(\frac{1}{3600}\right)^{\circ} \quad \text{또는} \quad 60'' = 1'$$

예를 들어, 각도 $12^{\circ}42'38''$는 12도 42분 38초를 나타낸다.

국제단위계(SI)에서 사용하는 미터법은 십진기수법을 기반으로 하고 있기 때문에 각도에서도 이를 차용하려는 시도가 있었다. 이때 만들어진 단위가 Gradian이다. 교재에 따라서는 gon, grad, grade라고 사용하는 경우도 있다.

1 gradian은 90° 를 100등분한 것으로 정의된다. 즉, 90° = 100 gradians이다. 그러나 단위 Gradian은 몇몇의 나라에서, 그리고 측량학 등 제한된 학문 영역에서만 받아들여졌다. 이 단위가 충분한 지지를 얻지 못했던 가장 큰 이유는 수학적으로 의미가 있는 30°, 60° 등의 표현이 순환소수나 분수로 밖에 표현될 수 없었기 때문이라고 전해진다. 물론, 45° = 50 gradians, 72° = 80 gradians 등으로 표현되고, 각도가 십진기수법으로 잘 잘려져 있기 때문에 각이 어느 사분면의 각인지를 특별한 계산이 없이도 바로 알 수 있는 장점도 분명히 있었다.

재학 중에 공부를 해야 할 내용이지만, 참고로 초등학교에서는 4학년 1학기 2단원 각도에서 [그림 2.5]와 같이 도(°)를 학습한다.

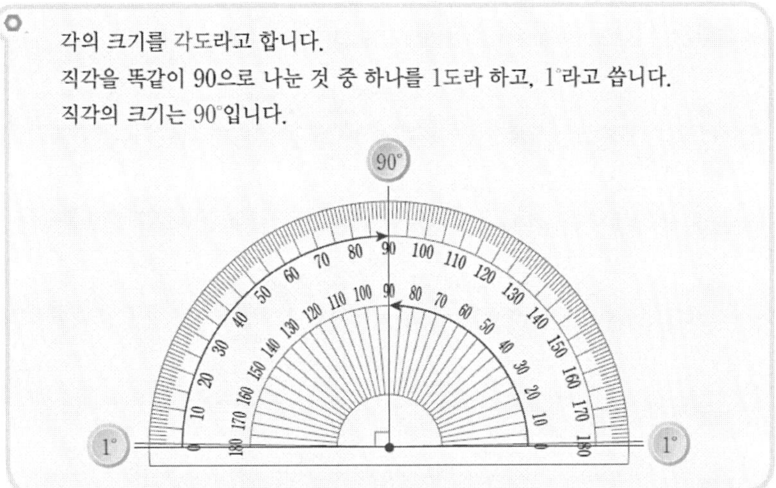

[그림 2.5] 도에 관한 초등학교 교과서의 한 장면

문제 2.4 ▎ 2009 개정 교육과정에 따른 4학년 1학기 수학교과서에서는 [그림 2.4] 에 대하여 다음과 같이 제시하고 있다. 어떻게, 왜 바뀌었는지 논의하시오.

「각의 크기를 각도라고 합니다. 각도를 나타내는 단위에는 1도가 있습니다. 직각을 똑같이 90으로 나눈 하나를 1도라 하고, 1° 라고 씁니다. 직각은 90° 입니다.」

2) 호도(弧度, radian)

각의 크기를 나타내는 데 있어서 앞서 학습한 1°를 이용하는 방법, 즉 60분법이라 불리는 방법 외에도 **호도** 또는 **라디안**이라고 불리는 단위를 사용하는 방법이 있다. 이 라디안이 국제단위계에서 정한 각도의 단위(rad)이다.

[그림 2.6]에서처럼 정점 O 에서 나오는 두 반직선이 이루는 영역 α_1에서, O 와의 거리가 r 이하인 영역만을 선택하면 이 영역은 O 를 중심으로 하고 반지름의 길이가 r 인 부채꼴이 된다. 이 부채꼴의 크기는 유한하고, 닮음 도형의 성질에서 부채꼴의 호의 길이는 반지름의 길이 r에 비례하는 것은 잘 알려져 있다. 그러므로 부채꼴에서 반지름의 길이와 호의 길이가 결정되면 부채꼴의 모양은 완전히 결정되는 셈이다. 따라서 반지름의 길이와 호의 길이를 이용하여, 즉 반지름의 길이 r을 고정하고 호의 길이를 바꿀 때 단순히 그 비로 각도를 정의할 수 있다.

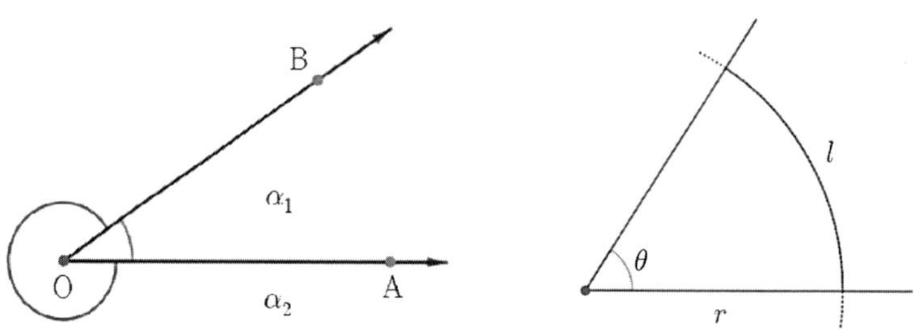

[그림 2.6] 각의 정의

| 정의 2.5 | 반지름의 길이가 r인 원에서 호의 길이가 s인 원호로 만들어지는 부채꼴의 중심각의 크기 $\theta°$를 반지름의 길이 r에 대한 호의 길이 s의 비율 s/r로 나타내는 방법을 **호도법**(弧度法, radian measure)에 의한 각의 크기라 한다.

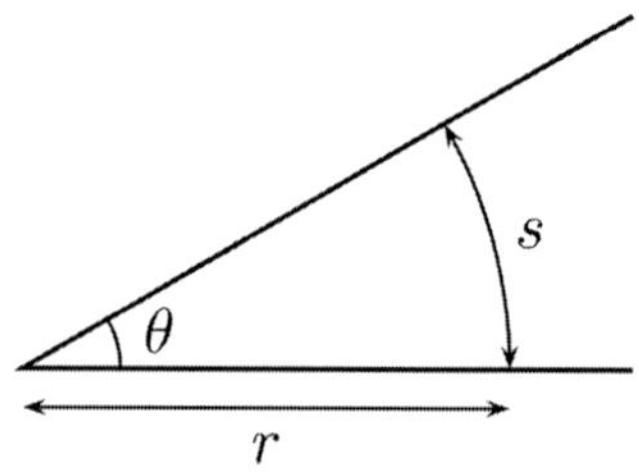

[그림 2.7] radian에 의한 각도

정의 2.5에서의 [그림 2.7]은

$$\theta^\circ = \frac{s}{r}\ \text{rad}$$

을 의미한다. 따라서 반지름의 길이와 원호의 길이가 같으면 $\theta^\circ = 1$ rad이 정의된다.

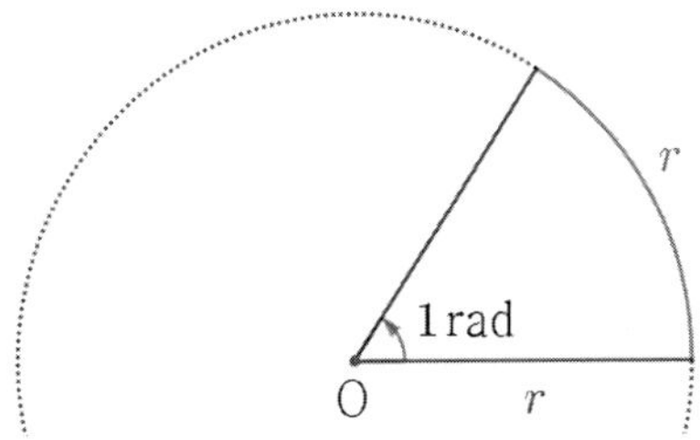

[그림 2.8] 1 radian의 정의

그러므로 반지름의 길이가 r인 원 O에서, 호의 길이가 r인 원호에 대한 중심각의 크기를 $\theta^\circ\,(=1\ \text{rad})$로 나타내면

$$\frac{\theta^\circ}{360^\circ} = \frac{r}{2\pi r}$$

이므로

$$1\ \text{rad} = \frac{360^\circ}{2\pi} = \frac{180^\circ}{\pi}$$

이 성립한다. 따라서

$$180^\circ = \pi\ \text{rad} \qquad \text{또는} \qquad 1^\circ = \frac{\pi}{180}\ \text{rad}$$

임을 쉽게 유도할 수 있다. 참고로 1 rad의 근삿값으로 $57^\circ 17' 45''$가 사용된다.

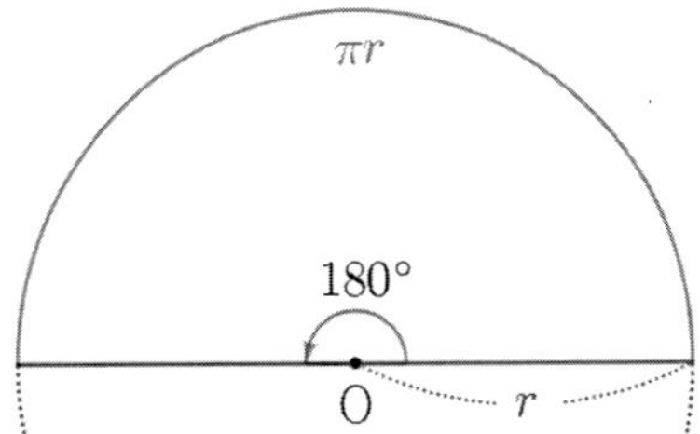

[그림 2.9] $180^\circ = \pi$ rad

문제 2.6 ▌ 다음 표를 완성하시오.

60분법	30°			90°		300°	360°
호도법		$\frac{\pi}{4}$	$\frac{\pi}{3}$		$\frac{3}{4}\pi$		

우리는 고등학교 때 각도나 삼각함수 그리고 그 값을

$$\frac{\pi}{6},\ \sin\left(\frac{3}{2}\pi+x\right),\ \tan\left(\frac{\pi}{2}+x\right),\ \sin\frac{\pi}{4},\ \cos\frac{\pi}{3},\ \cdots$$

등으로 표현하며 대부분의 경우 단위 rad을 사용하지 않았다. 그런 이유로 해서 단순히 $\pi = 180°$ 라고만 알고 있는 학생들도 있었을 것이고, Archimedes의 상수라 불리는 원주율 π를 생각해 $\pi = 180°$ 로 표현된 식을 보고 당황했던 경험이 있는 학생들도 있었을 것이다. 여러분들이 고등학교 때 라디안에 대한 수학적인 단위기호 rad을 대부분의 경우 사용하지 않은 이유는, 라디안은 두 길이의 비로 해서 정의되기 때문에 단위에 대한 기호가 필요가 없는 순수한 수이기 때문이다.

이 절에서 우리는 단위 rad을 사용하여 설명하였지만 이후 특별한 혼란이 없을 때에는 단위 rad은 사용하지 않기로 한다.

그런데 우리는 왜 라디안을 배울까? 국제단위계에서 정한 각도의 단위이기 때문에? 여러 가지 이유를 찾을 수 있겠지만, 하나만 제시하면 복잡한 계산을 간단하게 할 수 있기 때문이다. 예를 들어, 뒤에서 학습할 내용이지만, 부채꼴의 넓이나 호의 길이를 구할 때, 도(°)를 사용하는 것보다 라디안을 사용하여 계산하는 것이 훨씬 더 간단하다. 또한 미·적분에서 도(°)를 사용하면 없던(?) 아니 숨어있던 계수나 상수가 나타나 계산을 복잡하게 만들지만 라디안을 사용하면 그렇지 않고 쉽게 계산할 수 있기 때문이다. 다음이 이를 충분히 설명할 수 있을 것이다. $y = \sin x$ 를 미분하면 $y' = \cos x$ 이지만, $y = \sin x°$ 를 미분하면 $y' = \frac{\pi}{180}\cos x°$ 이다.

▶▶ 연습문제 2

1. 아래 그림과 같이 중심이 O 이고, 선분 $\overline{OX}$ 가 반지름인 원의 원둘레를 12등분하였다. 반직선 OX 가 시초선일 때, 다음 각도를 나타내는 동경 OP 를 그리시오.

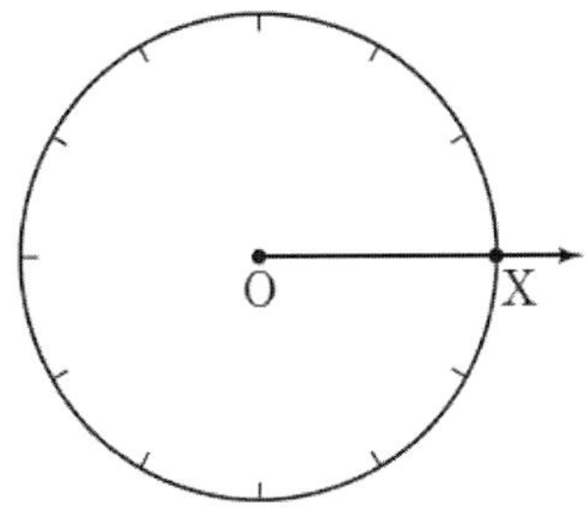

1) $30°$ 2) $150°$ 3) $-120°$

2. 다음 그림에서 □안에 알맞은 각도를 적어 완성하시오.

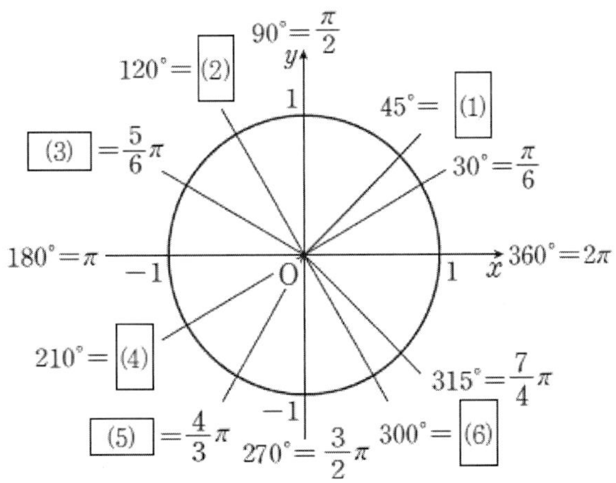

[그림 출처 고등학교 미적분 II(미래엔, 2019)]

3. 다음 각도의 동경이 나타내는 일반각을 $2n\pi+\theta$ 의 꼴로 나타내시오. (단, n은 정수, $0 \le \theta < 2\pi$)

1) $\frac{\pi}{3}$ 2) $\frac{17}{6}\pi$ 3) $-\frac{3}{2}\pi$

제 3 강

삼각함수

삼각법(Trigonometry)은 삼각형의 각의 크기와 변의 길이 사이의 관계를 기초로 한다. 매우 오래전부터 존재하였고, 측량 및 천문학에서의 실질적 계산에 필요하여 태어났다. 지금은 필수품이 되어버린 navigation도 삼각법이 낳은 결과물 중 하나이다. 삼각법이 삼각함수로 크게 발전한 것은 독일의 수학·천문학자 J. Müller(1436-1476)의 논문 '삼각형에 대하여'(1464년) 이후부터라고 말할 수 있다. 따라서 삼각함수는 역사적으로 삼각법에서 파생되어 태어난 함수, 즉 각에 대한 함수이다. 단위원을 이용한 정의에서 유래한 명칭으로 **원형 함수**(circular function)라고 부르기도 한다.

중학교에서 학습한 삼각비의 정의를 일반각으로 확장시켜 보자. [그림 3.1]과 같이 x축의 양의 방향을 시초선, 일반각 θ의 동경과 반지름의 길이가 r인 원 O와의 교점을 $\mathrm{P}(x, y)$라 하면 y/r, x/r, y/x의 값은 r의 값에 관계없이 θ의 값에 따라 각각 유일하게 결정된다. 즉, θ에 대한 함수이다. 이것을 각각 사인(sine)함수, 코사인(cosine)함수, 탄젠트(tangent)함수라 하고, 기호로 다음과 같이 나타낸다.

$$\sin\theta = \frac{y}{r}, \quad \cos\theta = \frac{x}{r}, \quad \tan\theta = \frac{y}{x}$$

또한 $\sin\theta$, $\cos\theta$, $\tan\theta$의 역수로 정의되는 함수를 각각 θ의 코시컨트함수, 시컨트함수, 코탄젠트함수라 하고, 기호로 다음과 같이 나타낸다.

$$\csc\theta = \frac{1}{\sin\theta} = \frac{r}{y}, \quad \sec\theta = \frac{1}{\cos\theta} = \frac{r}{x}, \quad \cot\theta = \frac{1}{\tan\theta} = \frac{x}{y}$$

이상에서 정의한 함수들을 θ에 대한 **삼각함수**(Trigonometric function)라 한다.

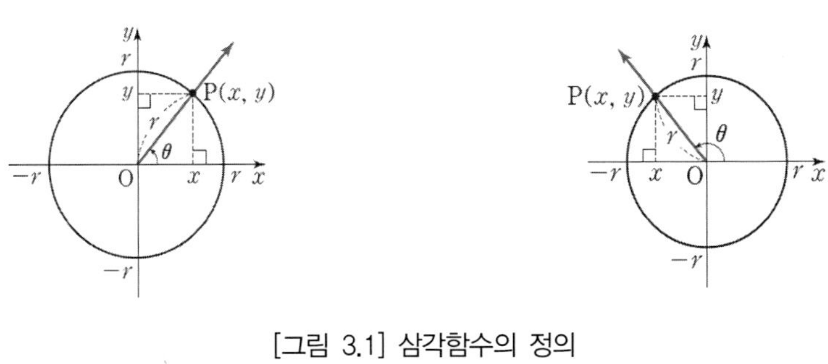

[그림 3.1] 삼각함수의 정의

예제 3.1 ▌ $\theta=\frac{5}{4}\pi$ **일 때,** $\sin\theta$, $\cos\theta$, $\tan\theta$ **의 값을 구하시오.**

[풀이] 그림과 같이 $\theta=\frac{5}{4}\pi$ 가 나타내는 동경과 원점 O를 중심으로 하고 반지름의 길이가 1인 원의 교점을 P라 하면 점 P의 좌표는 $\left(-\frac{\sqrt{2}}{2}, -\frac{\sqrt{2}}{2}\right)$이다. 이때 $\overline{OP}=1$이므로 삼각함수의 정의에 의하여

$\sin\frac{5}{4}\pi=-\frac{\sqrt{2}}{2}$, $\cos\frac{5}{4}\pi=-\frac{\sqrt{2}}{2}$, $\tan\frac{5}{4}\pi=1$.

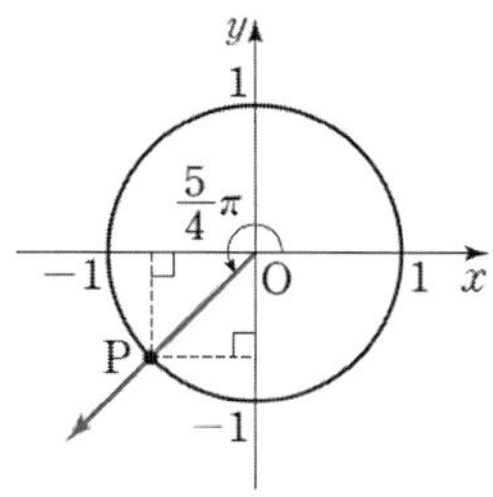

문제 3.2 ▌

그림의 각 θ**에 대하여** $\sin\theta$, $\cos\theta$, $\tan\theta$ **의 값을 구하시오.**

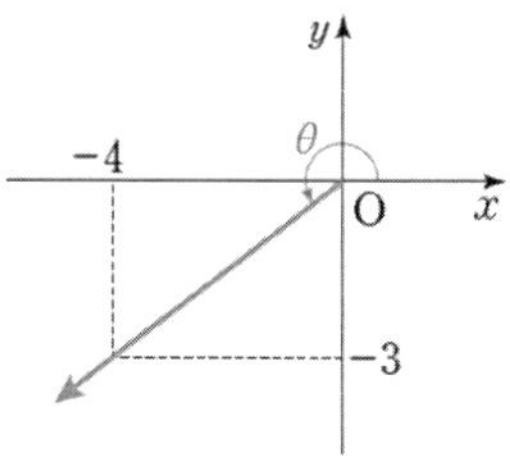

이 장에서는 특별히 지정하지 않는 경우 삼각형 ABC의 세 각 ∠A, ∠B, ∠C의 크기를 각각 A, B, C로 나타내고, 세 변 BC, CA, AB의 길이를 각각 a, b, c로 나타내기로 약속한다. 이 a, b, c, A, B, C를 일반적으로 **삼각형의 6요소**라 한다.

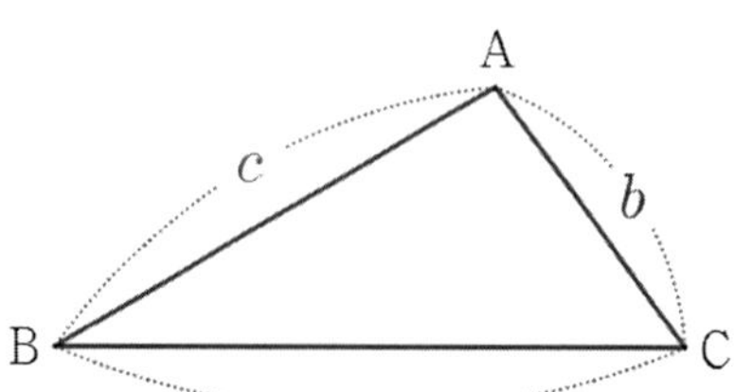

[그림 3.2] 삼각형의 6요소

지금부터 학습할 sine법칙과 cosine법칙은 2009 개정 수학과 교육과정에서 학습량 경감을 위해 삭제된 내용이다. 그러나 이 두 법칙은 수학의 유용성과 실용성을 경험할 수 있는 아주 좋은 기초적 내용일 뿐만 아니라 기하의 문항을 해결하는데 매우 강력한 도구이다. 2015 개정 수학과 교육과정은 다시 이 내용을 학습하도록 하였다.

1. 삼각함수(Trigonometric functions)

일반적으로 삼각함수는 직각삼각형에서, 단위원 $x^2+y^2=1$에서 정의할 수 있다. 이는 모두 고등학교에서 학습하는 내용이다.

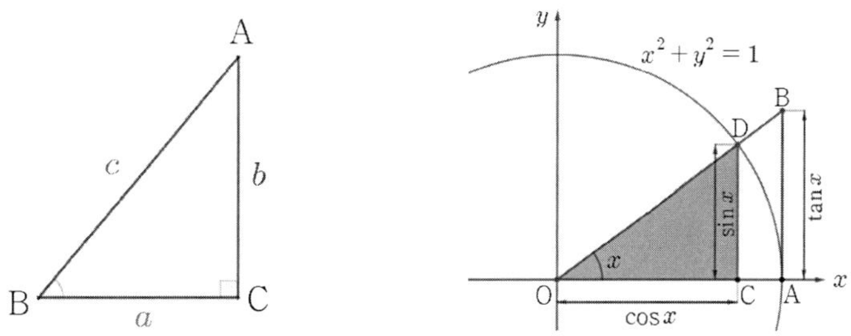

[그림 3.3] 삼각함수의 정의

[그림 3.4]에서처럼 각도 θ의 모든 삼각함수는 원점을 중심으로 하는 단위원 위에서 기하학적으로 작도할 수 있다. 이 그림을 잘 이해하고 있으면, 세 개의 직각삼각형에서 Pythagoras 정리를 이용하면

$$\sin^2\theta+\cos^2\theta=1,\quad \tan^2\theta+1=\sec^2\theta,\quad 1+\cot^2\theta=\csc^2\theta$$

과 같은 삼각함수 사이의 관계가 성립하는 것을 쉽게 알 수 있다.

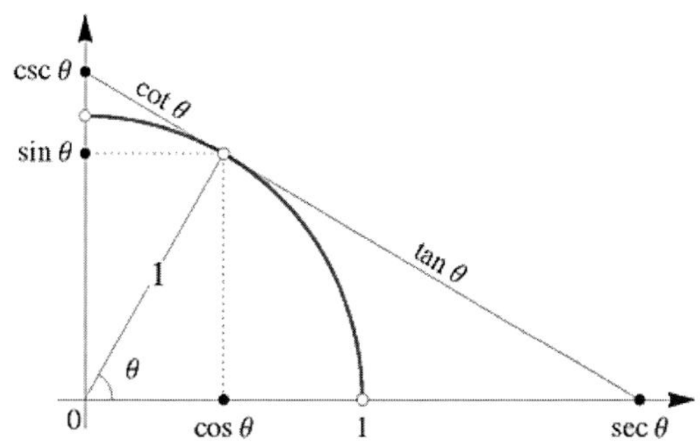

[그림 3.4] 삼각함수의 기하학적 작도

1) sine법칙(law of sines)

sine법칙은 삼각형의 세 각의 sine함수와 세 변의 길이 사이의 관계식을 말한다.

❙ 정리 3.3 ❙ [sine법칙] 삼각형 ABC 에서 ∠A, ∠B, ∠C 의 대변의 길이를 각각 a, b, c 라 하면 다음이 성립한다.

$$\frac{a}{\sin A} = \frac{b}{\sin B} = \frac{c}{\sin C} = 2R$$

단, R 은 삼각형 ABC 의 외접원의 반지름의 길이이다.

[증명] 삼각형 ABC 의 외접원의 중심을 O 라 하고, 꼭짓점 B 를 지나는 외접원의 지름의 다른 한 끝을 A′ 이라고 하면 선분 BA′ 은 지름이므로 길이는 $2R$ 이다. ∠A 가 예각, 직각, 둔각인 경우로 나누어 증명해 보자.

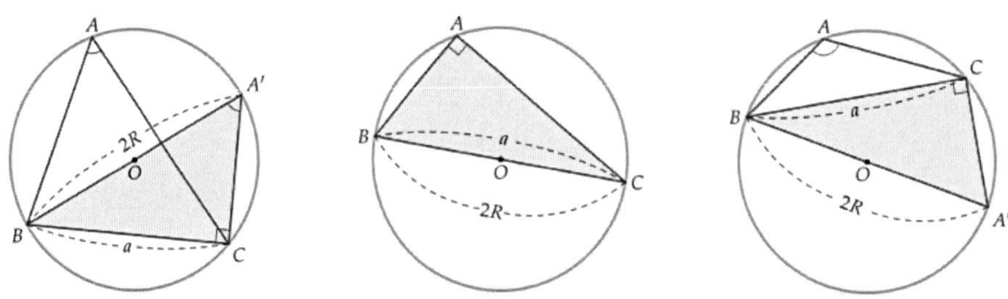

[그림 3.5] ∠A 가 예각, 직각, 둔각인 경우

∠A 가 예각인 경우, ∠A = ∠A′ 이고 ∠BCA′ = $\pi/2$ 이므로

$$\sin A = \sin A' = \frac{a}{2R}.$$

∠A 가 직각인 경우, $\sin A = 1$이고 $a = 2R$ 이므로

$$\sin A = \frac{a}{2R}.$$

∠A 가 둔각인 경우, ∠A + ∠A′ = π 이고 ∠BCA′ = $\pi/2$ 이므로

$$\sin A = \sin(\pi - A) = \sin A' = \frac{a}{2R}.$$

따라서 $\sin A = \frac{a}{2R}$ 이다. 같은 방법으로 $\sin B = \frac{b}{2R}$, $\sin C = \frac{c}{2R}$ 도 증명된다. ■

sine법칙은 임의의 삼각형에서 두 각의 크기와 한 변의 길이를 알 때 이를 이용하면 나머지 두 변의 길이를 구할 수 있다는 의미이다. 두 각의 크기를 안다는 것은 나머지 하나의 각의 크기도 알 수 있다. 따라서 두 각의 크기와 두 각 사이의 한 변의 길이가 주어진 것과 사실 동일하다. 그러나 각의 크기가 $30°$ 등의 특수한 각이 아닐 경우 sine법칙만으로는 해결이 불가능하고, 예제 3.7에서처럼 삼각형이 하나로 결정되지 않는 경우도 있음에 유의하도록 하자.

예제 3.4 ▌ 삼각형 ABC 에서 $a=1$, $b=2$, $\mathrm{A}=30°$ 일 때, B 를 구하시오.

[풀이] $\dfrac{1}{\sin 30°}=\dfrac{2}{\sin \mathrm{B}}$ 이므로 $\sin\mathrm{B}=1$이다. 따라서 $\mathrm{B}=90°$ 이다.

예제 3.5 ▌ 삼각형 ABC 에서 $\sin^2\mathrm{A}=\sin^2\mathrm{B}+\sin^2\mathrm{C}$ 이면 이 삼각형은 $\angle\mathrm{A}$ 가 직각인 직각삼각형임을 보이시오.

[풀이] 정리 7.3에서 $\sin\mathrm{A}=\dfrac{a}{2R}$, $\sin\mathrm{B}=\dfrac{b}{2R}$, $\sin\mathrm{C}=\dfrac{c}{2R}$ 이므로

$$\left(\frac{a}{2R}\right)^2=\left(\frac{b}{2R}\right)^2+\left(\frac{c}{2R}\right)^2$$

이다. 따라서 $a^2=b^2+c^2$ 이므로 $\angle\mathrm{A}$ 가 직각인 직각삼각형이다.

문제 3.6 ▌

$a\sin^2\mathrm{A}=b\sin^2\mathrm{B}$ 가 성립하는 삼각형 ABC 는 어떤 삼각형인지 밝히시오.

예제 3.7 ▌ 삼각형 ABC 에서 $\mathrm{B}=30°$ 이고 $b=15$, $c=15\sqrt{3}$ 일 때, 나머지 요소 a와 A, C 를 구하시오.

[풀이] $\dfrac{15}{\sin 30°}=\dfrac{15\sqrt{3}}{\sin\mathrm{C}}$ 이므로 $\sin\mathrm{C}=\dfrac{\sqrt{3}}{2}$ 이다. 따라서 $\mathrm{C}=60°$ 또는 $120°$ 이다.
먼저 $\mathrm{C}=60°$ 인 경우, $\mathrm{A}=90°$ 이므로 $a=30$ 이다. $\mathrm{C}=120°$ 인 경우는 $\mathrm{A}=30°$ 이므로 이등변삼각형이다. 따라서 $a=15$ 이다.

2) cosine법칙(law of cosines)

cosine법칙은 직각삼각형에서 성립하는 Pythagoras정리를 일반적인 삼각형으로 일반화한 것이다.

▌정리 3.8▐ [cosine법칙] 삼각형 ABC 에서 변의 길이를 각각 a, b 인 두 변의 사이의 각을 θ 라 하면 나머지 한 변의 길이 c 에 대하여 다음이 성립한다.

$$c^2 = a^2 + b^2 - 2ab\cos\theta$$

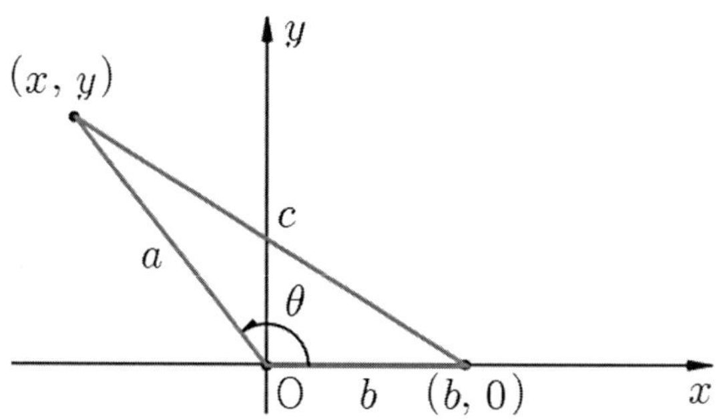

[그림 3.6]

[증명] [그림 3.6]에서처럼 두 변의 길이를 각각 a, b 이고, 두 변의 사이의 각을 θ 라 하자. 그러면 삼각함수의 정의로부터

$$(x, y) = (a\cos\theta,\ a\sin\theta)$$

이다. 따라서 점 (x, y) 와 점 $(b, 0)$ 사이의 거리의 제곱으로부터

$$c^2 = (a\cos\theta - b)^2 + a^2\sin^2\theta = a^2 + b^2 - 2ab\cos\theta.$$

을 얻는다.

■

만일 주어진 삼각형이 직각삼각형이면 즉, [그림 3.6]에서 θ 가 직각이면 $\cos\theta = 0$ 이므로 cosine법칙은 바로 Pythagoras정리 $c^2 = a^2 + b^2$ 가 된다. 이 cosine법칙은 두 변의 길이와 그 사이에 끼인각을 알 때 나머지 한 변의 길이를 알 수 있고, 세 변의 길이를 알 때 모든 내각의 크기를 알 수 있다는 의미이다. 정말 대단한 식이다.

한편, 삼각형 ABC 에서 ∠A, ∠B, ∠C 의 대변의 길이를 각각 a, b, c 라 하면 소위 제1cosine법칙이라고도 부르는 다음이 성립한다.

$$a = b\cos C + c\cos B$$

삼각형 ABC 의 꼭짓점 A 에서 변 BC 에 내린 수선의 발을 H 라 하자.

∠C 가 예각인 경우, $a = \overline{CH} + \overline{HB} = b\cos C + c\cos B$.

∠C 가 직각인 경우, $\cos C = 0$이므로 $a = c\cos B = b\cos C + c\cos B$.

∠C 가 둔각인 경우, $a = \overline{BH} - \overline{CH} = c\cos B - b\cos(\pi - C) = b\cos C + c\cos B$.

따라서 $a = b\cos C + c\cos B$ 임을 증명하였다.

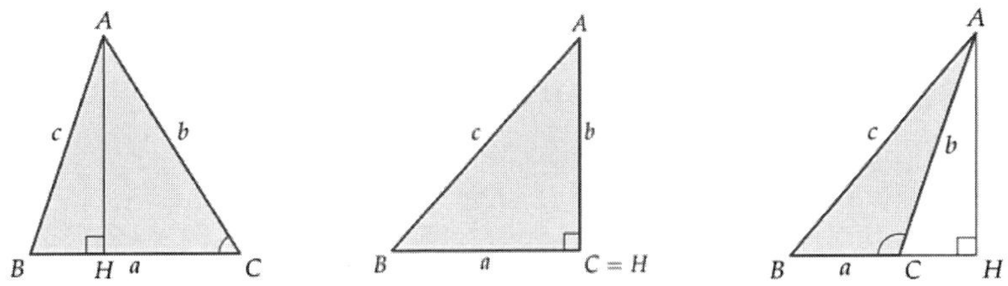

[그림 3.7] ∠C 가 예각, 직각, 둔각인 경우

같은 방법으로 $b = c\cos A + a\cos C$ 와 $c = a\cos B + b\cos A$ 도 얻을 수 있다.

예제 3.9 ▌ 삼각형 ABC 에서 $A = 105°$, $B = 30°$ 이고 $b = \sqrt{2}$, $c = 2$ 일 때, a 를 구하시오.

[풀이] $a = b\cos C + c\cos B = \sqrt{2}\cos 45° + 2\cos 30° = 1 + \sqrt{3}$ 이다.

예제 3.10 ▌ 삼각형 ABC 에서 $b = 3$, $c = 5$, $A = 120°$ 일 때, a 를 구하시오.

[풀이] $a^2 = 3^2 + 5^2 - 2 \cdot 3 \cdot 5\cos 120° = 49$ 이므로 $a = 7$ 이다.

문제 3.11 ▌

$a\cos A = b\cos B$ 가 성립하는 삼각형 ABC 는 어떤 삼각형인지 밝히시오.

3) 삼각함수의 덧셈정리

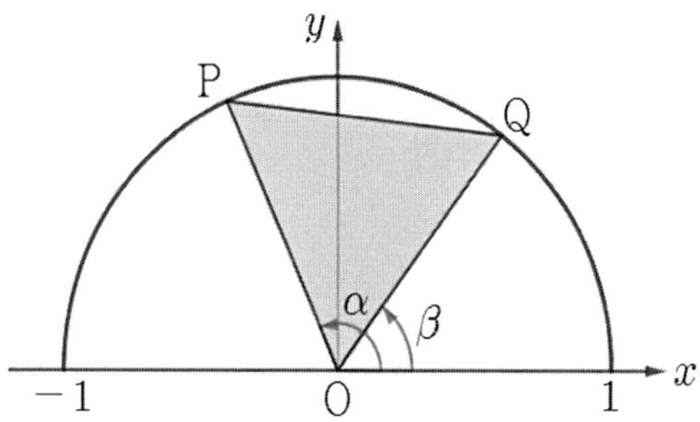

[그림 3.8] 삼각함수의 덧셈정리

[그림 3.8]에서처럼 각 α, β가 나타내는 동경과 단위원과의 교점을 각각 P, Q라 하면 두 점 P, Q의 좌표는 다음과 같다.

$$\mathrm{P}(\cos\alpha, \sin\alpha), \quad \mathrm{Q}(\cos\beta, \sin\beta)$$

삼각형 POQ에 cosine법칙을 적용하면

$$\overline{\mathrm{PQ}}^2 = \overline{\mathrm{OP}}^2 + \overline{\mathrm{OQ}}^2 - 2\overline{\mathrm{OP}} \cdot \overline{\mathrm{OQ}}\cos(\alpha-\beta) = 2 - 2\cos(\alpha-\beta)$$

이다. 한편, 점 P와 점 Q 사이의 거리의 제곱은

$$\overline{\mathrm{PQ}}^2 = (\cos\alpha - \cos\beta)^2 + (\sin\alpha - \sin\beta)^2 = 2 - 2(\cos\alpha\cos\beta + \sin\alpha\sin\beta)$$

이므로 두 식을 비교하면

$$\cos(\alpha-\beta) = \cos\alpha\cos\beta + \sin\alpha\sin\beta$$

이다. 그리고 $\sin\theta = \cos(\pi/2 - \theta)$ 이므로 다음을 얻는다.

$$\begin{aligned}\sin(\alpha-\beta) &= \cos\left\{\frac{\pi}{2} - (\alpha-\beta)\right\} = \cos\left\{\left(\frac{\pi}{2}-\alpha\right) - (-\beta)\right\} \\ &= \cos\left(\frac{\pi}{2}-\alpha\right)\cos(-\beta) + \sin\left(\frac{\pi}{2}-\alpha\right)\sin(-\beta) \\ &= \sin\alpha\cos\beta - \cos\alpha\sin\beta\end{aligned}$$

위의 두 식에 β 대신에 $-\beta$를 대입하면

$$\sin(\alpha+\beta)=\sin\alpha\cos\beta+\cos\alpha\sin\beta$$

$$\cos(\alpha+\beta)=\cos\alpha\cos\beta-\sin\alpha\sin\beta$$

을 얻을 수 있다. 이상을 정리하면 다음과 같다.

▌정리 3.11▐ [삼각함수의 덧셈정리]

$$\sin(\alpha\pm\beta)=\sin\alpha\cos\beta\pm\cos\alpha\sin\beta$$

$$\cos(\alpha\pm\beta)=\cos\alpha\cos\beta\mp\sin\alpha\sin\beta$$

[그림 3.9]를 이용하여 정리 3.11을 증명할 수도 있다.

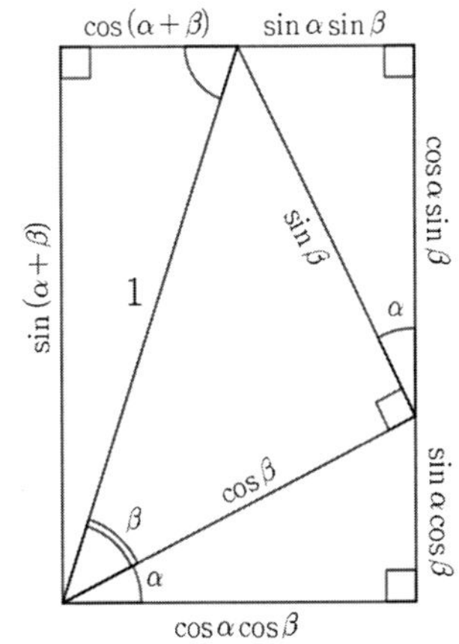

[그림 3.9] 삼각함수의 덧셈정리

예제 3.12▐ 다음 삼각함수의 값을 구하여라.

(1) $\sin 75°$ (2) $\cos 15°$

[풀이] (1) $\sin 15° = \sin(45°-30°) = \dfrac{\sqrt{6}-\sqrt{2}}{4}$.

(2) $\cos 15° = \cos(45°-30°) = \dfrac{\sqrt{6}+\sqrt{2}}{4}$.

2. Doodle

고대 그리스 시대의 수학자 Euclid는 오늘날까지 기하학의 교과서로 군림하고 있는 책 '원론'(Elements)을 저술하였다. '기하학 원론'으로도 불리는 이 책은 모두 13권으로 구성되어 있다. 이 책은 수학을 논증(論證)의 학문으로서 그 지위를 확립시킨 고대 그리스 수학을 대표하는 명작이다. 고대의 책임에도 불구하고 그 영향은 고대에만 머물지 않았고, 후세 사람들에게도 많은 영향을 끼쳤다. 많은 연구자들에 의해 그림과 주석이 추가되거나 번역되는 등 다양한 버전의 책들이 지금도 만들어 지고 있다. 구미에서는 성경에 이어 많은 판(edition)을 가진 책으로도 평가[4]하고 있다. 우리나라에서도 많은 연구자들에 의해서 번역된 책들이 출판되었다. 전문가를 위한 책에서부터 대학생들을 위한 책까지 쉽게 접할 수 있다. 그런데 검색을 해보니 초등학생들이 읽을 수 있는 책도 있는 것으로 보인다. 각설하고.

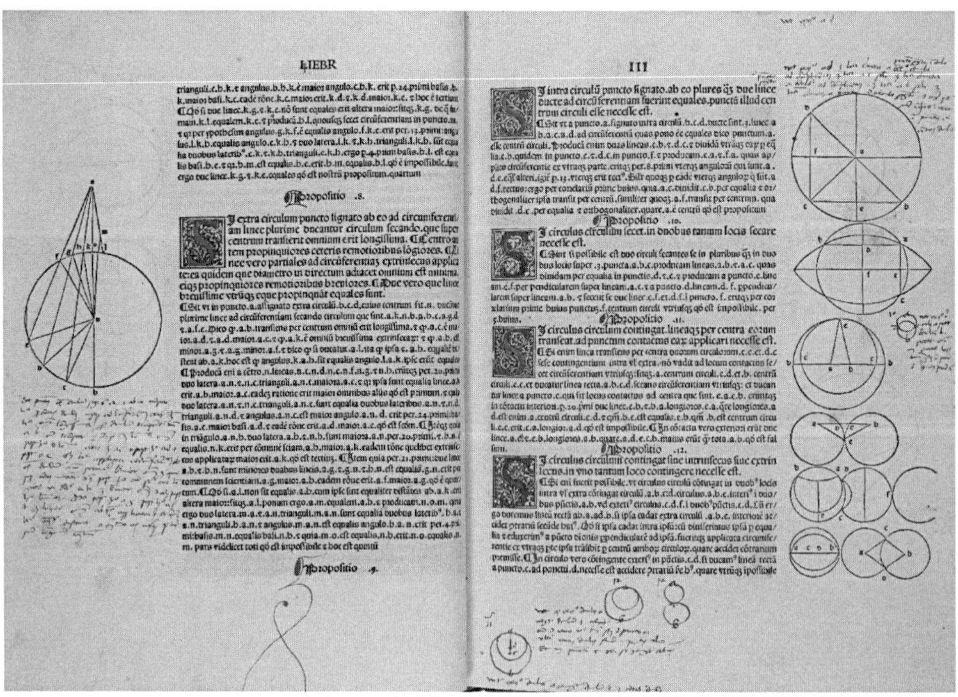

[그림 3.9] 1482년에 인쇄된 Elements의 한 장면 (그림 출처:wikipedia)

4) Carl B. Boyer(1991). Euclid of Alexandria. A History of Mathematics(2nd ed.). John Wiley & Sons

원론 제2권의 명제 12와 명제 13에서 지금의 cosine법칙에 대하여 설명하고 있다. 명제 12에서는 둔각삼각형에 대한, 명제 13에서는 예각삼각형에 대한 cosine법칙을 제시하고 있다. 물론 삼각함수가 없었던 시대이었기 때문에 그는 cosine함수를 사용하지 않고 변의 길이를 이용하였지만 본질적으로는 같은 명제를 제시한 것이다. 오늘날의 용어로 이를 다시 적으면 다음과 같다.

명제 12 둔각삼각형에서 예각의 대변을 한 변으로 하는 정사각형의 넓이는 다른 두 변 각각을 한 변으로 하는 정사각형의 넓이의 합으로부터 이들 두 변 중 어느 한 변의 길이와 다른 한 변을 그 변에 정사영한 것의 길이를 곱한 것의 두 배를 더한 것과 같다.

명제 13 예각삼각형에서 예각의 대변을 한 변으로 하는 정사각형의 넓이는 다른 두 변 각각을 한 변으로 하는 정사각형의 넓이의 합으로부터 이들 두 변 중 어느 한 변의 길이와 다른 한 변을 그 변에 정사영한 것의 길이를 곱한 것의 두 배를 뺀 것과 같다.

오늘날의 용어로 적었다고는 하나 몇 번 읽어도 잘 이해가 되지 않을 것이다. 이유가 있다. 우리의 표현 방법과는 사뭇 다른 방법을 취하고 있기 때문이다. 조금만 더 다루어 보도록 하자. 우리가 잘 알고 있는

$$(x+y)^2 = x^2 + 2xy + y^2$$

으로 설명해 보자. 유클리드 원론에서의 표현 방법은 위와 같은 수식의 표현이 아니라 x^2은 x를 한 변의 길이로 하는 정사각형의 넓이로, xy는 x와 y를 각 변의 길이로 하는 직사각형의 넓이로 표현하여 정사각형이나 직사각형을 비교하는 것으로 명제를 표현하고 있다. 즉, $(x+y)$를 한 변의 길이로 하는 정사각형의 넓이는 x를 한 변의 길이로 하는 정사각형의 넓이, y를 한 변의 길이로 하는 정사각형의 넓이, x와 y를 각 변의 길이로 하는 직사각형의 넓이를 모두 더한 것과 같다. 이렇게 표현한다는 것이다. 그리고 삼각함수가 없던 시절의 표현이므로 오늘날과 같이 각 변의 길이의 관계로 제시하고 있는 것이 아니기 때문에, cosine이 명시적으로 사용되고 있는 것은 아니다.

이러한 배경을 염두에 두고 특정한 변의 길이를 cosine을 사용하여 현대적으로 표현한다면 cosine법칙과 일치한다는 뜻이다.

[그림 3.10]에서 선분 CH가 변 CA의 변 CB 위로의 정사영이므로 명제 13은

$$c^2 = a^2 + b^2 - 2a \cdot \overline{\mathrm{CH}}$$

를 의미한다. 여기서 $\overline{\mathrm{CH}} = b \cdot \cos\mathrm{C}$ 이므로 다음이 성립한다.

$$c^2 = a^2 + b^2 - 2ab\cos\mathrm{C}$$

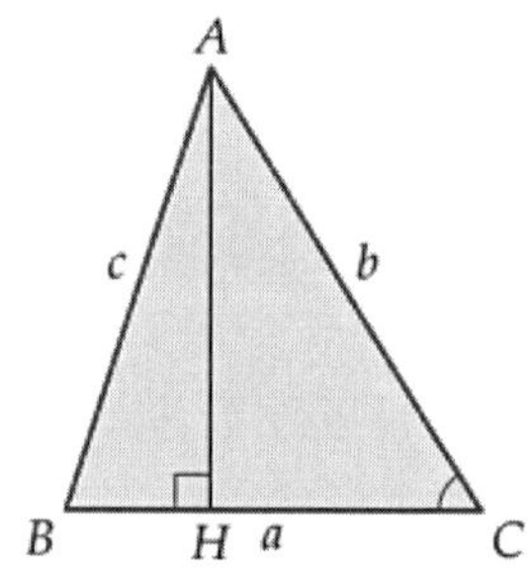

[그림 3.10] 예각삼각형

삼각형의 세 변의 길이와 세 각의 크기인 삼각형의 6요소 중 3개의 요소가 주어져 있을 때 나머지 3개의 요소를 구하는 것을 '삼각형을 푼다.'고 하며, 삼각법의 가장 기본적인 문제이다. 삼각형을 풀 수 있는 경우는 크게 다음의 세 가지로 볼 수 있다.

첫 번째는 세 변의 길이가 주어진 경우이다. 이 경우는 cosine법칙에 의해 어느 한 각의 cos값을 구해내어 각의 크기를 안 후 sine법칙에 의해 나머지 각의 크기를 구해낼 수 있다.

두 번째는 한 변의 길이와 두 각의 크기가 주어진 경우이다. 삼각형의 세 내각의 합이 180° 라는 사실에 의해 나머지 각의 크기를 찾아내면 sine법칙에 의해 나머지 두 변의 길이를 찾아낼 수 있다.

세 번째는 두 변의 길이와 한 각의 크기가 주어진 경우이다. 주어진 각이 en 변의 사이에 있는 각이면 cosine법칙을 통해 대변의 길이를 구해내고, 나머지 두 변의 길이는 sine법칙에 의해 찾아낼 수 있다. 주어진 각이 주어진 두 변의 끼인각이 아닌 경우는 삼각형이 하나로 결정되지 않는 경우가 많다.

▶▶ 연습문제 3

1. $\theta = \dfrac{3}{4}\pi$ 일 때, $\sin\theta$, $\cos\theta$, $\tan\theta$ 의 값을 구하시오.

2. 다음 등식이 성립함을 보이시오.
   1) $\tan^2\theta + 1 = \sec^2\theta$
   2) $1 + \cot^2\theta = \csc^2\theta$

3. 삼각형 ABC 에서 $a = \sqrt{2}$, $b = 2$, $c = \sqrt{3} + 1$ 일 때, 내각 중에서 최대의 각의 크기를 구하시오.

4. 반지름의 길이가 1 인 원에 내접하는 삼각형 ABC 에서 $A = 60°$, $B = 45°$ 일 때. 변 AB 의 길이를 구하시오.

5. 삼각형 ABC 에서 $\overline{BC} = 2$, 세 각의 크기의 비가 $A : B : C = 3 : 4 : 5$ 일 때, $\overline{AC}$ 의 길이를 구하시오.

6. 삼각형 ABC 에서 $\overline{BC} = 2$, $\cos A = \dfrac{1}{\sqrt{3}}$ 일 때, 이 삼각형의 외접원의 반지름의 길이를 구하시오.

제 4 강 길이

길이(length)는 인간이 처음으로 '재기'를 시작한 양이라고 알려져 있다. 누군가가 우리에게 [그림 4.1]을 제시하고 허리띠의 길이를 묻는다면 어떻게 대답해야할까?

[그림 4.1] 허리띠의 길이

아마도 허리띠의 길이가 l이라고 답하는 사람은 없을 것이다. 왜냐하면 우리 일상에서의 길이는 [그림 4.2]와 같이 허리띠를 펼친 즉, 굽어있는 대상-허리띠-을 가장 길게 펼쳤을 때의 것을 의미한다. 따라서 그 길이를 L이라 답할 것이다.

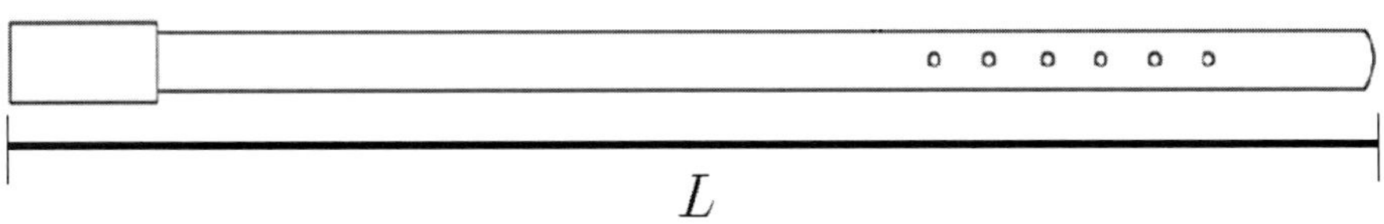

[그림 1.2] 허리띠의 길이

길이를 사전에서 찾아보면 '물체의 한끝에서 다른 한끝까지의 거리'라고 나온다. 그렇다면 '거리(距離)'란 무엇일까? 우리 일상에서의 거리는 어떤 사물이나 장소가 공간적으로 얼마나 멀리 떨어져 있는가를 수로 나타낸 것을 의미한다. 그러나 때에 따라서는 일정한 경로를 따라 측정한 값을 의미하기도 한다. 고속도로에서 볼 수 있는 표지판의 거리가 이에 해당할 것이다. 그리고 어떤 경우에는 도로의 상황이나 지형, 건물 등을 모두 무시하고 두 지점을 선분으로 연결한 최단거리(最短距離)를 가리킬 때도 있다. 거리가 일상에서는 이렇게 다양한 의미로 사용되지만, 수학에서의 거리는 대부분 최단거리의 의미로 사용된다.

따라서 길이는 거리의 척도(尺度)이다. 즉, 길이는 거리의 단위를 가진 양이라고 설명할 수 있다. 길이는 상황에 따라 높이, 깊이, 두께, 너비 등의 특별한 명칭으로도 불린다. 그러나 여기서 우리가 주의해야 할 것은 이러한 특별한 명칭들은 한 점과 면과의 거리, 두 면 사이의 거리, 두 선분 사이의 거리 등에서 정의된 두 점 사이의 거리로 측정된다는 사실이다.

이제 선분의 길이에 대해 조금 엄밀한 정의를 제시해 보자. '선분의 길이'라 함은 다음과 같은 과정에 의해 정의된 양의 실수를 말한다.

먼저, 어떤 선분을 선택하고, 이것을 '단위길이' 또는 '단위 선분'이라 부르기로 하자. 재어야 할 선분 PQ 가 주어졌을 때, 선분 PQ 가 단위길이의 몇 배인지를 구한다. 이것을 n_1 배라고 해 보자. 당연히 이 n_1 은 0 또는 자연수일 것이다. 만약 단위길이로 재어서 조금 남는다면 단위길이의 1/10 의 크기의 몇 배인지를 구한다. 이것을 n_2 배라고 하자. 그래도 조금 남는다면 단위길이의 1/100 의 크기의 몇 배인지를 구한다. 이것을 n_3 배라고 하자. 이러한 측정을 계속해 나가 얻어진

$$\overline{\mathrm{PQ}} = n_1 + n_2 \cdot \frac{1}{10} + n_3 \cdot \frac{1}{100} + n_4 \cdot \frac{1}{1000} + \cdots$$

를 선분 PQ 의 길이로 정의하는 것이다.

1983년 국제단위계(International System of Units)가 지정한 길이에 대한 기본단위는 metre이다. meter이 아닌 영국식 철자인 metre를 사용하는 이유는 국제단위계가 metre를 장려하고 있기 때문이다. 기호는 우리가 잘 아는 m 이다. 이 단위는 빛이 진공상태에서 1/299,792,458 초 동안 진행한 거리로 정의하고 있다. 국제단위계는 길이의 기본단위 m 과 보조단위(접두사)를 사용하여 여러 단위를 제공하고 있다. 수학 교직과목에서 공부할 내용이라 여기서는 간단한 몇 가지만 소개하기로 하자.

〈표 4.1〉 길이에 대한 단위(기본단위 + 보조단위)

값	10^{-3}	10^{-2}	10^{-1}	10^{0}	10^{1}	10^{2}	10^{3}
기호	mm	cm	dm	m	dam	hm	km
명칭	mili metre	centi metre	deci metre	metre	deca metre	hecto metre	kilo metre

2015 개정 수학과 교육과정에 따른 초등학교에서의 길이에 대한 학습 내용은 다음과 같이 간단하게 정리할 수 있을 것이다.

1학년에서는 두 대상을 비교하여 '더 길다', '더 짧다'를 표현할 수 있도록 하고, 세 대상을 비교하여 '가장 길다', '가장 짧다'를 표현할 수 있도록 하고 있다. 이러한 비교 활동 후, 2학년 1학기에서는 길이를 재기 위해 처음으로 길이의 단위 cm 를 도입하고 있다. 이후 2학기에 m 를, 3학년 1학기에 mm 와 km 를 학습하도록 구성하고 있다. 마지막으로 5학년에서 다각형의 둘레를 구하도록 하고 있다.

『수학 익힘』 70~71쪽

정다각형의 둘레를 구해 볼까요

1 지혜와 슬기는 선물 상자의 둘레를 재고 있습니다. 둘레를 재는 방법을 생각해 봅시다.

- 둘레가 무엇인지 이야기해 보세요.
- 끈을 사용하여 주변에 있는 물건의 둘레를 구해 보세요.
- 둘레를 잴 수 있는 방법을 이야기해 보세요.

2 정다각형의 둘레를 구하는 방법을 알아봅시다.

- 길이가 3 cm인 색 막대를 사용하여 정다각형을 만들어 보세요. 준비물 10

110 수학 5-1

[그림 4.3] 둘레에 관한 교과서의 한 장면(교육과학기술부, 2019)

1. 거리

이 교재에서는 두 점 A, B를 양 끝점으로 하는 선분 AB의 길이 $\overline{\mathrm{AB}}$를 두 점 A, B 사이의 **거리**라고 부르기로 하자.

1) 1차원

실수 x의 절댓값(absolute value) $|x|$는 수직선에서 원점 0에서 x까지의 거리로 정의할 수 있다. 예를 들어 $|-5|$는 원점 0에서 -5까지의 거리이므로 그 값은 5이다. 따라서 1차원 공간, 즉 수직선 위에 주어진 두 점 $\mathrm{P}(x)$와 $\mathrm{Q}(y)$ 사이의 거리는

$$|x-y| = \sqrt{(x-y)^2}$$

으로 정의한다. 정의로부터도 쉽게 알 수 있지만, 절댓값의 성질로부터도

$$|x-y| = |y-x|$$

이 성립함은 쉽게 유도할 수 있다.

2) 2차원

2차원 공간에서, 즉 좌표평면 위에 주어진 두 점 $\mathrm{P}(x_1, y_1)$와 $\mathrm{Q}(x_2, y_2)$ 사이의 거리는, [그림 4.4]에서 Pythagoras 정리를 적용하면

$$\sqrt{(x_1-x_2)^2+(y_1-y_2)^2}$$

임을 쉽게 구할 수 있다.

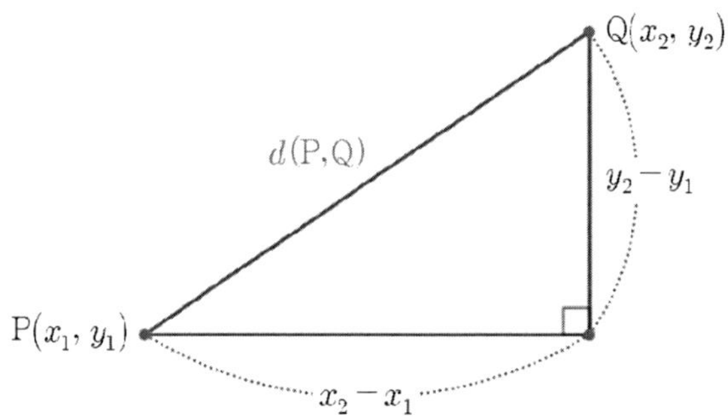

[그림 4.4] 직각삼각형에서의 Pythagoras 정리

2차원 공간에서는 1차원 공간에서 생각하지 못했던 도형들이 등장한다. 직선, 원, 포물선 등이 그것이다. 예를 들어 한 직선 $ax+by+c=0$과 이 직선 위에 있지 않은 한 점 P와의 거리는 어떻게 재어야 하는 것일까? 평행인 두 직선 사이의 거리는?

한 점에서 직선으로 가는 경로나, 평행인 두 직선의 경우 한 직선에서 다른 직선으로 가는 경로는 무수히 많다. 우리는 이 많은 경로의 길이 중에서 가장 짧은 길이를 거리로 정의하면 된다. 이때 사용되는 아이디어가 두 점 사이의 거리이다.

초등학교 학생들은 4학년 2학기 때 평행선 사이의 거리를 학습한다. 먼저 평행인 두 직선 사이에 여러 개의 선분을 그려보고, 각 선분의 길이를 재어 그 중에서 가장 짧은 선분 즉, 수선의 길이를 **평행선 사이의 거리**로 정의하고 있다. 이 내용의 학습이 잘 되어야 평행사변형, 사다리꼴의 높이도 이해할 수 있고, 그 연장선에서 평행사변형, 사다리꼴의 넓이도 잘 구할 수 있게 된다. 이 평행선 사이의 거리에 사용되는 아이디어도 사실 두 점 사이의 거리이다. [그림 4.5]에서처럼 평행선 사이의 거리 즉, 평행인 두 직선 사이의 거리는 결국 두 점 P와 B 사이의 거리이기 때문이다.

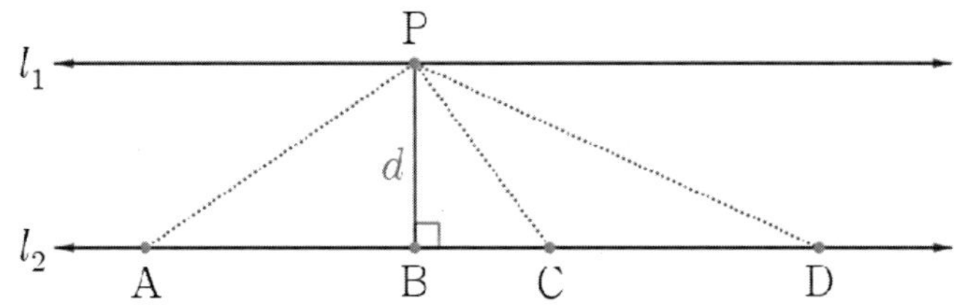

[그림 4.5] 평행선 사이의 거리

[그림 4.6]은 실제 5학년 1학기 사다리꼴에 대한 현행 교과서의 한 장면이다. 평행한 두 변 즉, 두 밑변 사이의 거리를 높이로 약속하고 있다. 평행사변형 또한 평행한 두 변을 밑변이라 하고, 두 밑변 사이의 거리를 높이라고 약속하고 있다.

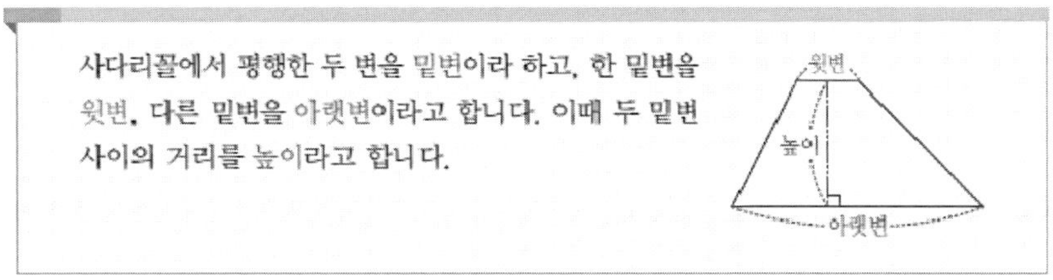
사다리꼴에서 평행한 두 변을 밑변이라 하고, 한 밑변을 윗변, 다른 밑변을 아랫변이라고 합니다. 이때 두 밑변 사이의 거리를 높이라고 합니다.

[그림 4.6] 사다리꼴의 높이에 대한 교과서 장면(교육과학기술부, 2019)

이제 앞에서 학습한 두 점 사이의 거리에 대한 아이디어를 이용하여 실제로 한 직선과 그 직선 위에 있지 않은 한 점과의 거리를 구해보도록 하자.

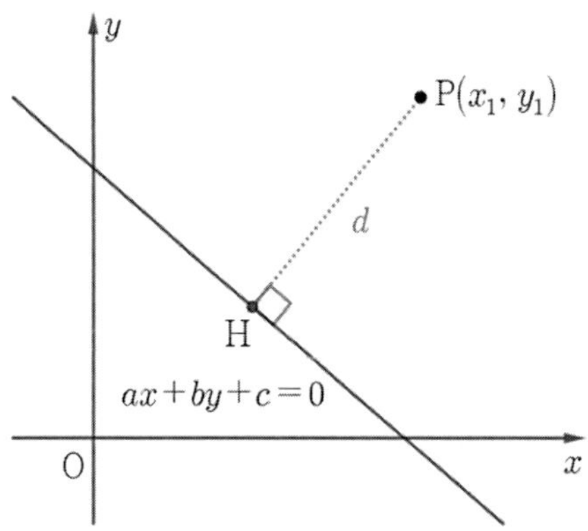

[그림 4.7] 점과 직선 사이의 거리

[그림 4.7]에서와 같이 점 $\mathrm{P}(x_1,\ y_1)$에서 직선 $ax+by+c=0$에 수선을 그어 그 교점을 H 라 하면 점 P 와 직선 사이의 거리는 최단거리인 선분 $\overline{\mathrm{PH}}$의 길이가 되는 것이다. 따라서 우리는 이 선분 $\overline{\mathrm{PH}}$의 길이 즉, 두 점 P 와 H 사이의 거리를 구하면 된다는 것을 알 수 있다.

따라서 점 $\mathrm{P}(x_1,\ y_1)$을 지나고 직선 $ax+by+c=0$에 수직인 직선의 방정식을 구하면 $b(x-x_1)-a(y-y_1)=0$이다. 이 두 직선의 교점의 좌표가 점 H 의 좌표이므로, 두 식을 연립하여 풀면

$$x=\frac{b^2x_1-aby_1-ac}{a^2+b^2},\quad y=\frac{a^2y_1-abx_1-bc}{a^2+b^2}$$

를 얻는다. 따라서

$$x-x_1=\frac{-a(ax_1+by_1+c)}{a^2+b^2},\quad y-y_1=\frac{-b(ax_1+by_1+c)}{a^2+b^2}$$

이므로

$$\overline{\mathrm{PH}}=\sqrt{(x-x_1)^2+(y-y_1)^2}=\frac{|ax_1+by_1+c|}{\sqrt{a^2+b^2}}$$

이다. 따라서 우리는 다음의 정리를 얻을 수 있다.

| 정리 4.1 | 점 $\mathrm{P}(x_1, y_1)$에서 직선 $ax+by+c=0$에 이르는 거리를 d라 하면

$$d=\frac{|ax_1+by_1+c|}{\sqrt{a^2+b^2}}.$$

여기서 평행인 두 직선 $ax+by+c=0$와 $ax+by+c'=0$ 사이의 거리에 대한 공식을 만들어 보자. 사실 공식이라는 관점에서는 그다지 필요가 없는 것이기는 하지만, 정리 4.1의 연습이라 생각하고 유도해 보도록 하자.

직선 $ax+by+c'=0$ 위에 있는 한 점의 좌표를 (x_1, y_1)라 하면 $ax_1+by_1=-c'$이 성립한다. 따라서 정리 4.1에 의해 점 $\mathrm{P}(x_1, y_1)$과 직선 $ax+by+c=0$ 사이의 거리를 d라 하면

$$d=\frac{|ax_1+by_1+c|}{\sqrt{a^2+b^2}}=\frac{|c-c'|}{\sqrt{a^2+b^2}}$$

임을 알 수 있다.

아래 예제 4.2의 문항을 생각해 보자. 선분의 길이를 구하는 문제이므로 먼저 직선과 원의 교점을 구해, 두 교점 사이의 거리를 구하면 된다. 따라서 $x^2+(x+1)^2=4$로부터 두 교점의 좌표 $\left(\frac{-1+\sqrt{7}}{2}, \frac{1+\sqrt{7}}{2}\right)$과 $\left(\frac{-1-\sqrt{7}}{2}, \frac{1-\sqrt{7}}{2}\right)$을 구할 수 있고, 조금 귀찮은 계산을 통해 이 두 교점 사이의 거리가 $\sqrt{14}$ 임도 알 수 있다. 그러나 원의 여러 성질 즉, 도형의 힘을 빌리면 대부분 조금은 더 쉽게 구할 수도 있다.

예제 4.2 | 직선 $y=x+1$이 원 $x^2+y^2=4$에 의하여 잘린 선분의 길이는?

[풀이] 오른쪽 그림에서

$$\overline{\mathrm{OM}}=\frac{|1|}{\sqrt{1^2+(-1)^2}}=\frac{1}{\sqrt{2}}.$$

$\triangle\mathrm{AOM}$서 $\angle\mathrm{AMO}=90°$이므로

$$\overline{\mathrm{AM}}=\sqrt{2^2-\left(\frac{1}{\sqrt{2}}\right)^2}=\frac{\sqrt{14}}{2}$$

이다. 따라서

$$\overline{\mathrm{AB}}=2\overline{\mathrm{AM}}=\sqrt{14}.$$

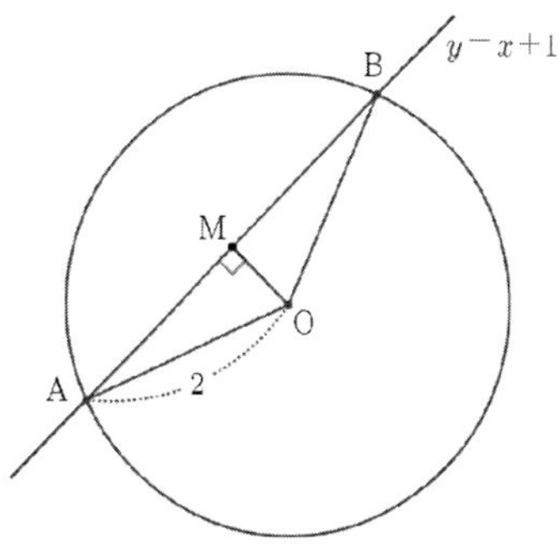

우리는 1강에서 극좌표에 대하여 살펴보았다. 그렇다면 극좌표계에서 두 점 P, Q의 극좌표가 $P(r_1, \theta_1)$, $Q(r_2, \theta_2)$로 주어졌을 때, 두 점 P, Q 사이의 거리 d는 어떻게 구할 수 있을까? 한 점의 극좌표 (r, θ)를 알고 있다면 그 점의 직교좌표는

$$x = r\cos\theta, \qquad y = r\sin\theta$$

에 의하여 결정된다는 사실을 알고 있다. 따라서 두 점 P, Q의 직교좌표를

$$P(x_1, y_1), \quad Q(x_2, y_2)$$

로 둔다면 각각은

$$x_1 = r_1\cos\theta_1,\ y_1 = r_1\sin\theta_1. \qquad x_2 = r_2\cos\theta_2,\ y_2 = r_2\sin\theta_2$$

에 의하여 결정된다. 그러므로 두 점 $P(r_1, \theta_1)$, $Q(r_2, \theta_2)$ 사이의 거리 d는

$$\begin{aligned} d &= \sqrt{(x_1 - x_2)^2 + (y_1 - y_2)^2} \\ &= \sqrt{(r_1\cos\theta_1 - r_2\cos\theta_2)^2 + (r_1\sin\theta_1 - r_2\sin\theta_2)^2} \\ &= \sqrt{(r_1)^2 + (r_2)^2 - 2r_1r_2(\cos\theta_1\cos\theta_2 + \sin\theta_1\sin\theta_2)} \\ &= \sqrt{(r_1)^2 + (r_2)^2 - 2r_1r_2\cos(\theta_1 - \theta_2)} \end{aligned}$$

임을 알 수 있다. 거리 d의 제곱은 다음과 같다.

$$d^2 = (r_1)^2 + (r_2)^2 - 2r_1r_2\cos(\theta_1 - \theta_2)$$

그런데 이 식 많이 본 느낌이 있다. 정리 3.8과 비교해 보라. 똑 같은 식이다.

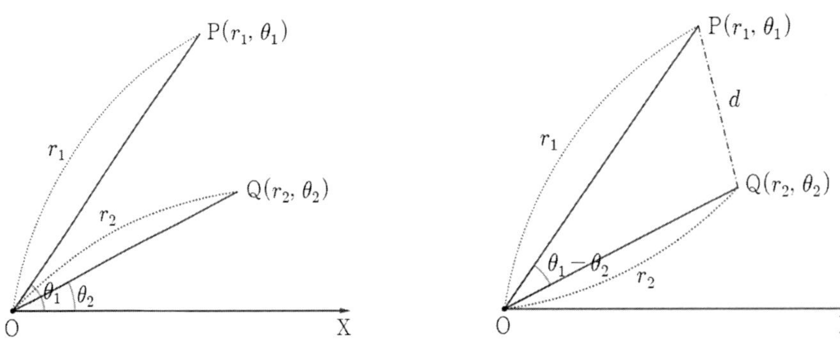

[그림 4.8] 극좌표로 주어진 두 점 사이의 거리

3) 3차원

[그림 4.9]에서처럼 3차원 공간에서 두 점 $\mathrm{P}(x_1, y_1, z_1)$와 $\mathrm{Q}(x_2, y_2, z_2)$ 사이의 거리를 구하여 보자. 점 P, Q에서 xy평면에 내린 수선의 발을 각각 P′, Q′이라 하면 $\mathrm{P}'(x_1, y_1, 0)$, $\mathrm{Q}'(x_2, y_2, 0)$이므로 두 점 P′, Q′사이의 거리는

$$\overline{\mathrm{P}'\mathrm{Q}'} = \sqrt{(x_1-x_2)^2+(y_1-y_2)^2}$$

이다. 점 P에서 직선 QQ′에 내린 수선의 발을 Q″이라 하면

$$\overline{\mathrm{PQ}''} = \overline{\mathrm{P}'\mathrm{Q}'} = \sqrt{(x_1-x_2)^2+(y_1-y_2)^2}$$

이고, Q″의 좌표는 (x_2, y_2, z_1)이다. 이때 $\overline{\mathrm{QQ}''} = |z_2 - z_1|$이므로 Pythagoras 정리에 의하여

$$\overline{\mathrm{PQ}}^2 = \overline{\mathrm{PQ}''}^2 + \overline{\mathrm{QQ}''}^2 = \overline{\mathrm{P}'\mathrm{Q}'}^2 + \overline{\mathrm{QQ}''}^2 = \left\{(x_1-x_2)^2+(y_1-y_2)^2\right\} + (z_1-z_2)^2$$

이다. 따라서

$$\overline{\mathrm{PQ}} = \sqrt{(x_1-x_2)^2+(y_1-y_2)^2+(z_1-z_2)^2}$$

임은 쉽게 구할 수 있다.

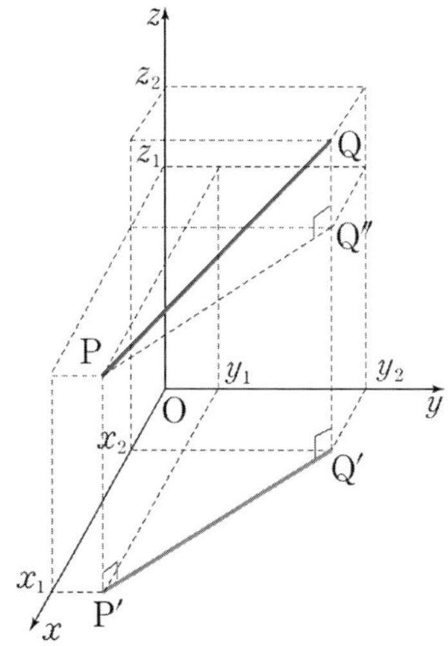

[그림 4.9] 3차원에서의 거리

3. Doodle

[그림 4.10]에서처럼 평면 위의 곡선 C 위의 점 $P_0, P_1, P_2, \cdots, P_{n-1}, P_n$를 선택한다. n을 충분히 크게 하여 선분 $\overline{P_{i-1}P_i}$의 길이를 충분하게 작게 하여 갈 때에 그 합 $\sum \overline{P_{i-1}P_i}$가 어떤 일정한 극한값 L에 가까워질 때 이 곡선은 길이를 가진다고 하고 L을 곡선 C의 길이라고 한다.

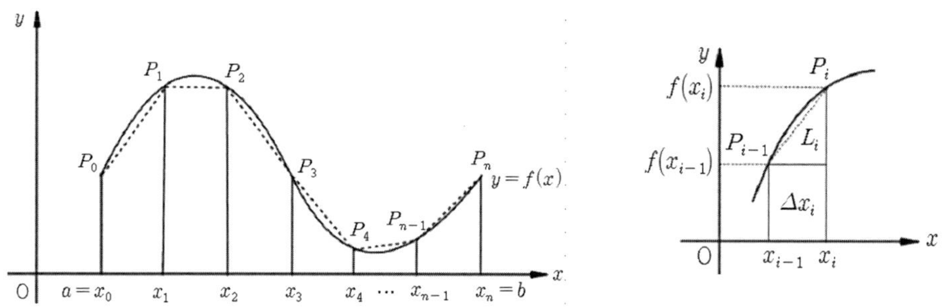

[그림 4.10] 곡선 $y=f(x)$의 길이

평면 위의 곡선 $y=f(x)$가 구간 $[a, b]$에서 연속인 도함수 $f'(x)$을 가진다고 하자. 구간 $[a, b]$의 하나의 분할

$$a=x_0 < x_1 < x_2 < \cdots < x_{n-1} < x_n = b$$

에 대하여 각각의 분점(分點) $x_0, x_1, x_2, \cdots, x_{n-1}, x_n$에 대응하는 곡선 위의 점을 각각 $P_0, P_1, P_2, \cdots, P_{n-1}, P_n$이라 하자. 그리고 $\Delta x_i = x_i - x_{i-1}$라 두고

$$\Delta x = \mathrm{Max}\{\Delta x_1, \Delta x_2, \cdots, \Delta x_n\}$$

라 하자.

두 점 P_{i-1}과 P_i를 잇는 선분 $\overline{P_{i-1}P_i}$의 길이를

$$L_i = \sqrt{(\Delta x_i)^2 + \{f(x_i) - f(x_{i-1})\}^2}$$

이라 두자. 미분의 평균값 정리에 의하여 구간 (x_{i-1}, x_i) 내의 한 점 c_i가 존재하여

$$\frac{f(x_i) - f(x_{i-1})}{x_i - x_{i-1}} = f'(c_i)$$

이다.

따라서 선분의 길이는

$$L_i = \sqrt{(\Delta x_i)^2 + \{f'(c_i)\,\Delta x_i\}^2} = \sqrt{1+\{f'(c_i)\}^2}\,\Delta x_i$$

이 된다. 그러므로

$$\begin{aligned} \mathrm{L} &= \lim_{\Delta x \to 0} \sum_{i=1}^{n} \sqrt{1+\{f'(c_i)\}^2}\,\Delta x \\ &= \int_a^b \sqrt{1+\{f'(x)\}^2}\,dx \end{aligned}$$

을 얻는다.

예를 들어, 곡선 $y = \frac{1}{3}\sqrt{x}\,(x-3)$에서 $1 \le x \le 9$까지의 길이를 구해보자.

$y = \frac{1}{3}x^{\frac{3}{2}} - x^{\frac{1}{2}}$에서 $y' = \frac{1}{2}\left(x^{\frac{1}{2}} - x^{-\frac{1}{2}}\right)$이다. 따라서

$$\mathrm{L} = \int_1^9 \sqrt{1+\frac{1}{4}(x^{1/2} - x^{-1/2})^2}\,dx = \frac{32}{3}$$

이다. 우리는 곡선의 길이도 구할 수 있게 되었다. 그런데 이 예는 여러분이 적분을 할 수 있는 곡선으로 구성되어 있다. 공식에서 볼 수 있듯이 사실은 무리함수를 적분해야하기 때문에 함수의 적분법에 대하여 조금 더 공부해야만 한다. 간단한 함수 $y = x^2$에 대하여 생각해보라. 이 교재의 수준으로는 약간(?)의 무리가 따른다.

n차원 공간에서는 두 점 사이의 거리는 어떻게 될까? n차원은 한 점을 지정하기 위해 필요로 하는 좌표 수의 최소 개수가 n이므로 그 점을 $(x_1, x_2, \cdots, x_n)$으로 표현하면 된다. 그러므로 두 점 $\mathrm{P}(x_1, x_2, \cdots, x_n)$와 $\mathrm{Q}(y_1, y_2, \cdots, y_n)$ 사이의 거리는

$$\overline{\mathrm{PQ}} = \sqrt{(x_1-y_1)^2 + (x_2-y_2)^2 + \cdots + (x_n-y_n)^2} = \sqrt{\sum_{i=1}^{n}(x_i-y_i)^2}$$

임을 알 수 있다. 따라서 우리는 n에 어떤 자연수를 대입하면 대입한 수의 차원에서 두 점 사이의 거리를 구할 수 있다.

▶▶ 연습문제 4

1. 직선 $mx+y-2m=0$이 원 $x^2+y^2-2y=0$에 의하여 잘린 선분의 길이가 $\sqrt{2}$일 때 m의 값을 구하시오.

2. 직선 $x+my-m=0$과 원 $x^2+y^2-x=0$과의 교점을 A, B라 할 때, $\overline{AB}=1$이 되게 하는 m의 값을 구하시오.

3. 원 $x^2+y^2=25$ 위의 점 P에서 직선 $3x-4y-32=0$에 수선을 그을 때, 그 수선의 길이가 최소가 되는 점 P의 좌표와 그 때의 수선의 길이를 구하시오.

4. 두 포물선 $y=1-x^2$과 $y=(x-k)^2$이 서로 다른 두 점 P, Q에서 만날 때, 선분 PQ의 길이의 최댓값을 구하시오. (단, k는 실수)

5. 두 점 A$(1, 1, -2)$, B$(2, 4, 0)$에서 같은 거리에 있는 x축 위의 점 P의 좌표를 구하시오.

6. 삼차함수

$$f(x)=x^3+3x^2-9x-2$$

의 그래프 위의 점 P$(a, f(a))$에서의 접선 l_1과 점 Q$(a+2, f(a+2))$에서의 접선 l_2가 서로 평행하다. 점 Q와 직선 l_1 사이의 거리 d를 구하시오.

7. 세 점 A$(4, 1)$, B$(-1, 0)$, C$(3, 2)$에 대하여 $\overline{PA}^2+\overline{PB}^2+\overline{PC}^2$을 최소가 되도록 하는 점 P의 좌표 (x, y)를 구하시오.

8. 대각선의 길이가 14이고, 모든 모서리의 길이의 합이 88인 직육면체의 겉넓이를 구하시오.

9. 한 변의 길이가 1인 정오각형의 대각선의 길이를 구하시오.

10. 각 변의 길이가 $\overline{AB} = 15$, $\overline{BC} = 5\sqrt{7}$, $\overline{CA} = 10$ 인 삼각형 ABC 에서 [그림 4.11]에서처럼 변 AB 와 변 AC 를 한 변으로 하는 정사각형 ABDE 와 정사각형 ACFG 를 삼각형 ABC 의 외부에서 만들었을 때, $\overline{EG}$ 의 길이를 구하시오

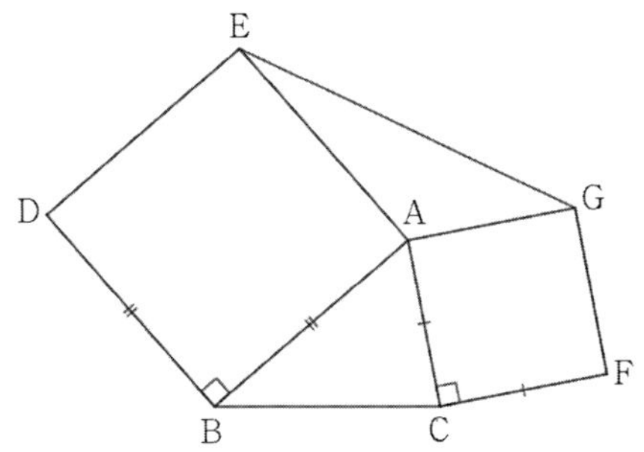

[그림 4.11]

11. 세 점 A(0, 2), B(1, 0), C(2, 3) 을 꼭짓점으로 하는 삼각형 ABC의 둘레 및 내부의 점을 (x, y) 라 할 때, $x^2 + y^2$ 의 최댓값과 최솟값을 구하시오.

12. 실수 x, y가 $x + 2y \geq 3$ 을 만족할 때, $x^2 + y^2 + 4x + 2y$ 의 최솟값을 구하시오.

13. [그림 4.12]에서처럼 한 변의 길이가 2 인 정삼각형 ABC 의 변 AC 위에서 점 P 가 움직일 때 $\overline{BP}^2 + \overline{CP}^2$ 의 최솟값을 구하시오.

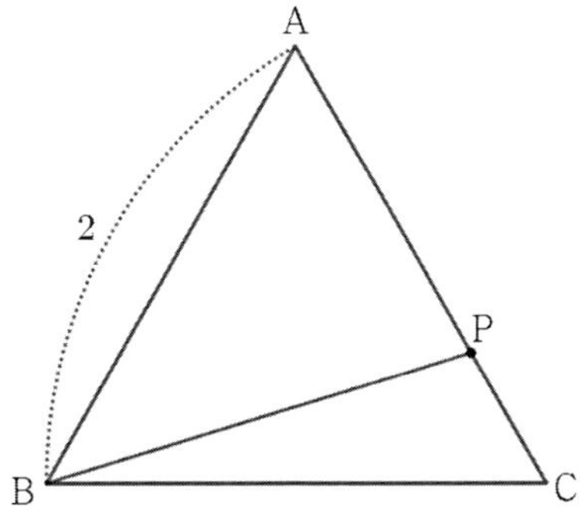

[그림 4.12]

제 5 강 초등학교에서의 넓이

넓이는 평면도형의 내부의 크기를 나타내는 양(量)이다. 이 평면도형의 넓이는 정해진 넓이의 정사각형과 비교함으로써 측정할 수 있다. 국제단위계는 넓이의 표준단위를 m^2 으로 하고 있다. 여러분이 잘 알고 있겠지만, 한 변의 길이가 1 m 인 정사각형의 넓이를 의미한다. 즉, 주어진 평면도형의 넓이는 이 도형 안에 한 변의 길이가 1 m 인 정사각형이 몇 개 들어가는가를 의미한다.

[그림 5.1]은 현행 5학년 1학기 교과서의 한 장면이다. 기본 도형이라 할 수 있는 직사각형의 넓이를 구하는 방법을 학습하기 이전에 도형의 넓이에 대한 개념을 학습하는 과정 중의 한 장면이라고 설명할 수 있다. 교과서는 한 변의 길이가 1 cm 인 정사각형의 넓이를 단위넓이로 하여 이 단위넓이가 주어진 도형에 몇 개 들어가는가를 새어 그 넓이를 구하게 하고 있는 것이다.

도형의 넓이를 구해 봅시다.

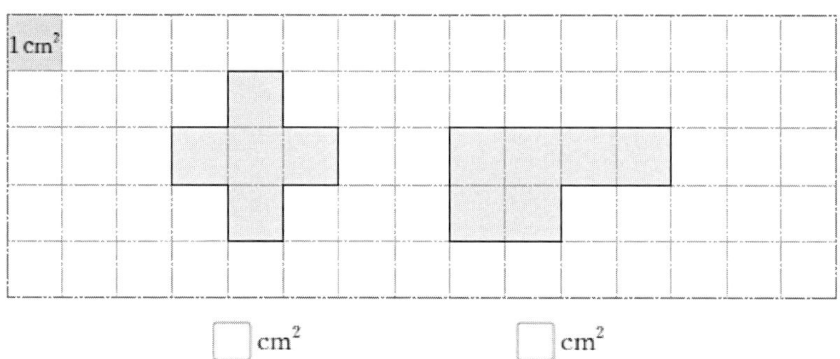

[그림 5.1] 넓이에 관한 교과서의 한 장면(교육과학기술부, 2019)

삼각형, 사각형, 원 등과 같은 단순한(?) 도형들의 넓이에 대해서는 널리 알려진 공식들이 많이 있다. 이러한 공식들을 활용하면 쉽게 그 도형의 넓이를 구할 수 있다. 또한 공식이 없는 또는 공식을 모르는 다각형이라 하더라도 우리는 이 다각형을 여러 개의 도형들로 분할하여, 알고 있는 공식들을 잘 활용하면 넓이를 구할 수도 있다. 게다가 경계가 굽어 있는 영역이라 할지라도 우리에게는 적분이라는 강력한 도구가 있어 그 넓이를 구할 수 있다.

현행 교육과정에 따른 초등학교에서의 평면도형의 넓이 지도 순서는

직사각형, 평행사변형, 삼각형, 마름모, 사다리꼴, 원

이다. 교과서가 제시하고 있는 이 순서에서 우리가 중요하게 생각해야 할 것이 있다. 그것은 직사각형의 넓이를 가장 먼저 학습한다는 것이다. 직사각형의 넓이를 먼저 학습한다는 의미 속에는 여러 평면도형의 넓이를 구하는 기본 모델이 직사각형이라는 것을 함의하고 있다. 즉, 직사각형의 넓이를 구하는 방법을 기반으로 다른 도형들을 다양하게 변형하고 추론하여 각 도형의 넓이 구하는 방법을 형식화하도록 하고 있다는 것이다.

넓이를 이해하는 데 핵심적인 조작 활동으로 초등학교에서 사용하는 활동은 **단위 반복**(單位反復, unit iteration)과 **등적변형**(等積變形, equiareal transform)을 들 수 있다.

단위반복은 측정하고자 하는 영역의 한 부분인 단위를 가지고 반복적으로 덮어서 그 개수를 세어 측정하는 조작을 말한다. [그림 5.1]이 교과서에서 제시하고 있는 단위반복의 전형적인 예라 할 수 있다. 주어진 단위(즉, 정사각형의 넓이인 $1\,cm^2$)를 넓이를 구하고자 하는 도형의 내부에 반복적으로 덮어 그 개수로 넓이를 측정하는 것이다. [그림 5.2]의 왼쪽 그림으로도 설명할 수 있을 것이다.

등적변형은 한자의 의미처럼 주어진 도형의 넓이는 바꾸지 않고 모양을 바꾸는 것을 의미한다. [그림 5.2]의 오른쪽 그림에서와 같이 직각삼각형의 넓이는 바꾸지 않고(등적), 정사각형으로 모양을 바꾸는 것(변형)을 말한다. 주로 주어진 도형을 이미 넓이 구하는 방법을 알고 있는 도형으로 바꾸어 구하고자 할 때 사용한다.

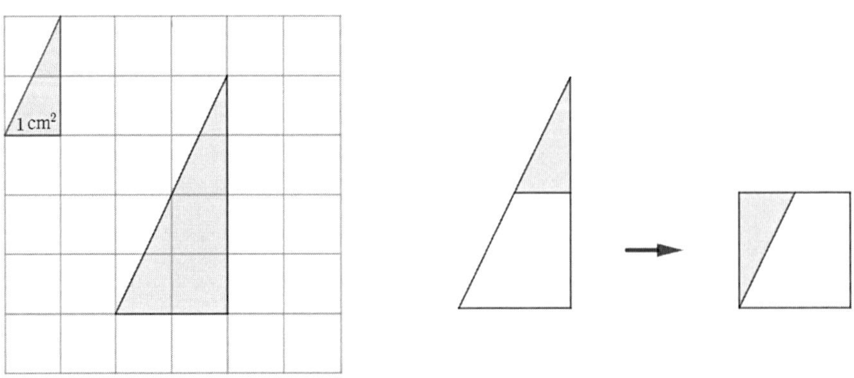

[그림 5.2] 단위반복과 등적변형의 예

1. 직사각형(Quadrilateral, Rectangle)

먼저 초등학교 교과서는 예를 들어, 가로와 세로의 길이가 각각 3 cm, 4 cm 인 직사각형에는 준비된 $1\,\text{cm}^2$ 의 스티커를 12개 붙일 수 있으므로 $12\,\text{cm}^2$ 로 넓이를 구한다. 앞서 학습한 단위반복의 전형이다. 이러한 몇 번의 활동을 통해 **직사각형**의 넓이는 가로의 길이, 세로의 길이와 관련이 있는 양이라는 것을 알고, 이를 통해

$$\text{직사각형의 넓이} = (\text{가로의 길이}) \times (\text{세로의 길이})$$

로 형식화하도록 하고 있다.

정리 5.1은 단위길이의 선분을 한 변으로 하는 정사각형의 넓이인 단위넓이의 개수가 그 도형의 넓이라는 개념에 대한 대학생 version이라 생각하자. 증명에 앞서 편의를 위해 직사각형 ABCD 라 하고, 두 변의 길이를 $\overline{\text{AB}} = a$, $\overline{\text{AD}} = b$ 라 하자.

▌정리 5.1▐ 이웃하는 두 변의 길이가 각각 a, b 인 직사각형의 넓이는 ab 이다.

Ⅰ. a, b 가 자연수일 때 :

변 AB 와 변 AD 는 각각 a 개 및 b 개의 단위길이와 같은 길이의 선분으로 나누어진다. 각 분점을 지나고 변 AB 와 변 AD 에 평행한 선분을 그으면 단위넓이를 가지는 정사각형이 ab 개이므로 직사각형 ABCD 의 넓이는 ab 로 귀착된다.

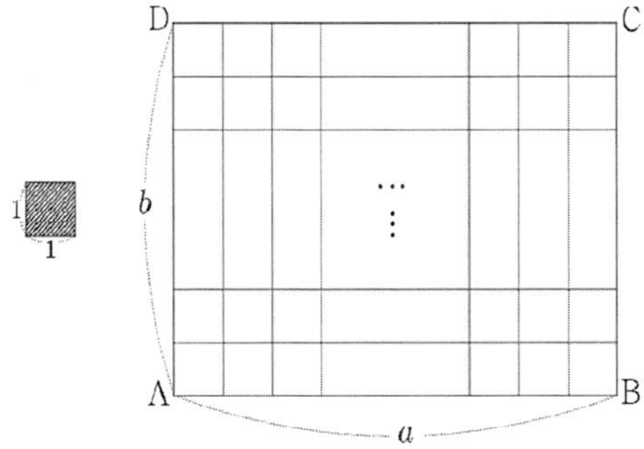

[그림 5.3] a, b가 자연수인 경우

Ⅱ. a, b 가 유리수일 때 :

a, b 는 유리수이므로 $a = p/q$, $b = r/s$ 라 하자. 단, p, q, r, s 는 정수, $q \neq 0$, $s \neq 0$ 이

다. AB 의 길이를 q 배, AD 의 길이를 s 배한 직사각형을 직사각형 A′B′C′D′라 하자. 그러면 $\overline{\mathrm{A'B'}} = p$, $\overline{\mathrm{B'C'}} = r$ 이므로 직사각형 A′B′C′D′의 넓이는 pr 이다. 그런데 직사각형 ABCD는 직사각형 A′B′C′D′과 합동인 qs 개의 직사각형의 합이므로

$$(\text{직사각형 ABCD의 넓이}) \times qs = (\text{직사각형 A}'\text{B}'\text{C}'\text{D}'\text{의 넓이}) = pr$$

이다. 그러므로 (직사각형 ABCD의 넓이) $= \dfrac{pr}{qs} = \dfrac{p}{q} \cdot \dfrac{r}{s} = ab$ 이다.

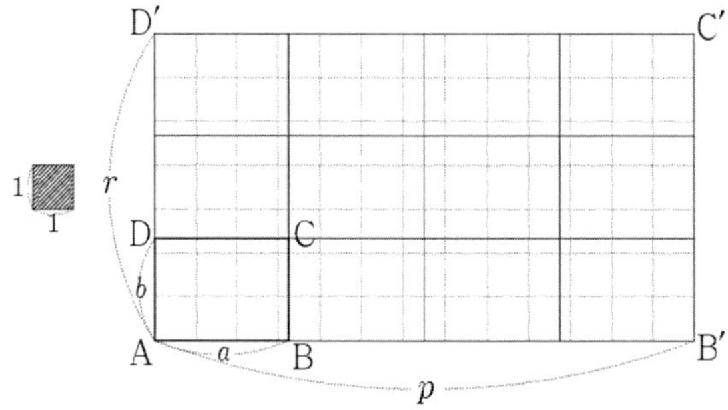

[그림 5.4] $a = 13/4$, $b = 7/3$인 경우

Ⅲ. a, b 가 무리수일 때 :

q, s 를 임의의 자연수라 하면

$$\frac{p}{q} < a < \frac{p+1}{q}, \quad \frac{r}{s} < b < \frac{r+1}{s}$$

을 만족시키는 자연수 p 와 r 을 취할 수 있다. 이때 이웃하는 두 변의 길이가 각각 $\dfrac{p}{q}$, $\dfrac{r}{s}$ 인 직사각형은 직사각형 ABCD 의 내부에 있고, 반면 이웃하는 두 변의 길이가 각각 $\dfrac{p+1}{q}$, $\dfrac{r+1}{s}$ 인 직사각형은 직사각형 ABCD 의 외부에 있다. 그러므로

$$\frac{p}{q} \cdot \frac{r}{s} < (\text{직사각형 ABCD 의 넓이}) < \frac{p+1}{q} \cdot \frac{r+1}{s}$$

이다. 한편 q 와 s 를 충분히 크게 하면 $\dfrac{p}{q}$, $\dfrac{p+1}{q}$ 는 a 에 가까워지고, $\dfrac{r}{s}$, $\dfrac{r+1}{s}$ 는 b 에 가까워지므로 직사각형 ABCD 의 넓이는 ab 이다.

따라서 Ⅰ, Ⅱ, Ⅲ에 의해 a, b 가 실수일 때 직사각형의 넓이는 ab 이다.

2. 평행사변형(Parallelogram)

평행사변형에서는 평행사변형을 잘라 넓이를 구할 수 있는 도형으로 만들어 보는 활동이 핵심적이다. 왜냐하면 이후 계속해서 등장하는 삼각형, 마름모, 사다리꼴, 원이 모두 이 방법의 사용에 의하여 넓이 공식의 형식화를 돕고 있기 때문이다. 결론부터 말하면 학습한 내용이 직사각형의 넓이를 구하는 방법뿐이므로 직사각형으로 만들겠다는 소리이다. [그림 5.5]에서처럼 음영이 주어진 부분을 잘라(분해) 오른쪽에 붙이면(합성), 우리가 넓이를 구할 수 있는 직사각형이 나온다. 즉, 도형의 분해와 합성을 통한 등적변형이다.

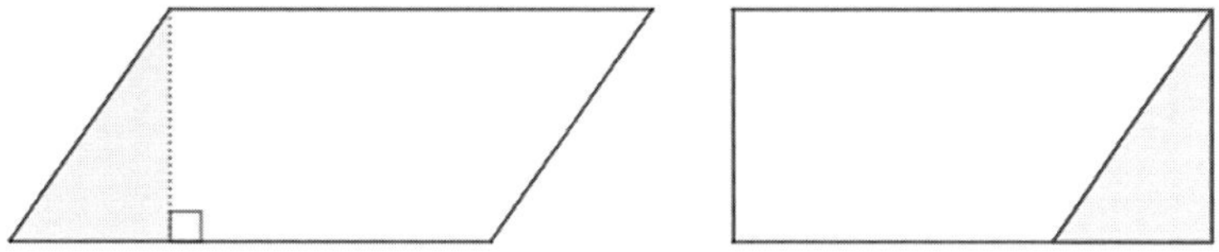

[그림 5.5] 평행사변형의 직사각형으로의 변형

직사각형의 넓이는 가로의 길이와 세로의 길이의 곱이므로 가로와 세로에 해당하는 용어만 정리하면 형식화할 수 있다. 따라서 교과서도 형식화에 앞서 [그림 5.6]에서처럼 평행사변형의 밑변과 높이에 대한 약속하기(정의)를 제시하고 있다.

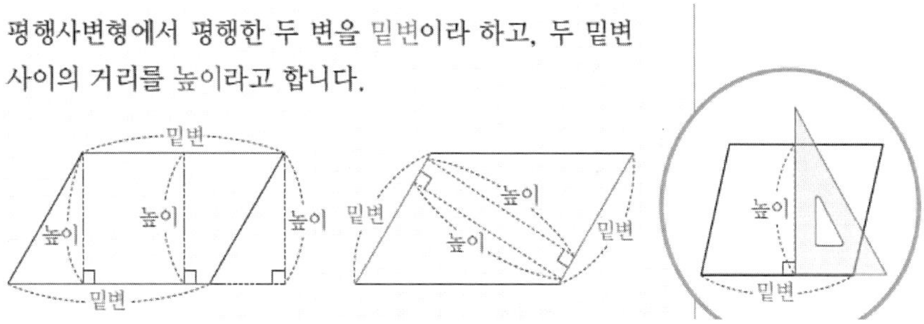

[그림 5.6] 평행사변형의 밑변과 높이에 대한 약속하기의 교과서 장면

가로의 길이는 평행사변형에서 밑변의 길이를 의미하고, 세로의 길이는 평행사변형에서 높이를 의미한다. 따라서 다음과 같이 형식화할 수 있다.

$$\text{평행사변형의 넓이} = (\text{밑변의 길이}) \times (\text{높이})$$

3. 삼각형(Triangle)

직사각형과 평행사변형의 넓이는 이미 구할 수 있게 되었기 때문에 **삼각형**의 넓이는 [그림 5.7]에서처럼 두 가지의 변형 방법, 즉 직사각형으로의 변형과 평행사변형으로의 **배적변형**(倍積變形, 넓이가 2배인 도형으로 변형)을 생각할 수 있다. 직사각형으로의 변형 방법이 더 쉬울 것도 같은데 교과서에서는 합동인 삼각형 2개를 붙인 평행사변형으로의 변형 방법을 활용하여 형식화하고 있다. 그 이유는? 연습문제로.

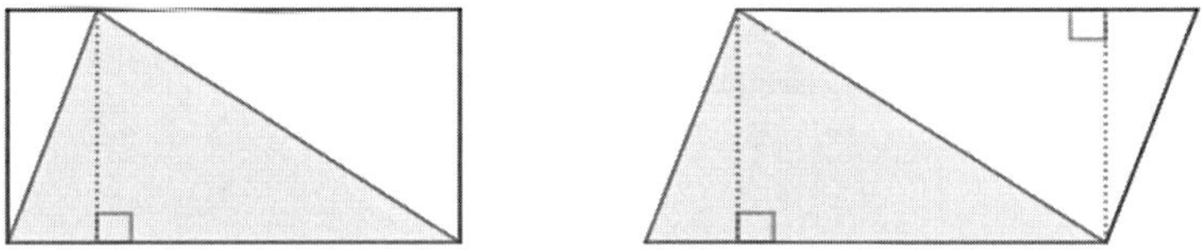

[그림 5.7] 삼각형의 직사각형으로의 변형과 평행사변형으로의 변형

삼각형을 평행사변형으로 변형하였으므로 평행사변형에서 한 것처럼 용어만 정리하면 형식화할 수 있다. 교과서는 [그림 5.8]에서처럼 삼각형의 밑변과 높이에 대한 약속하기(정의)를 제시하고 있다.

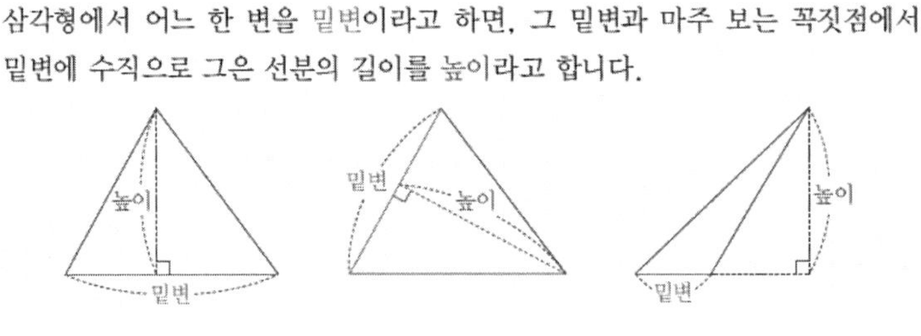

[그림 5.8] 삼각형의 밑변과 높이에 대한 약속하기의 교과서 장면

평행사변형의 밑변의 길이는 삼각형에서 삼각형의 밑변의 길이를, 평행사변형의 높이는 삼각형에서 삼각형의 높이를 의미한다. 따라서 배적변형이므로 삼각형의 넓이는 평행사변형의 넓이의 반임에 유의하여 다음과 같이 형식화할 수 있다.

삼각형의 넓이 = 평행사변형의 넓이 ÷ 2

= [평행사변형의] (밑변의 길이) × (높이) ÷ 2

= [삼각형의] (밑변의 길이) × (높이) ÷ 2

4. 마름모(Rhombus)

직사각형, 평행사변형과 삼각형의 넓이는 이미 구할 수 있게 되었기 때문에 **마름모**의 넓이는 3가지의 변형 방법, 즉 직사각형으로의 변형, 평행사변형으로의 변형과 삼각형으로의 변형을 생각할 수 있다. 교과서에서는 먼저 [그림 5.9]에서처럼 마름모의 한 대각선을 따라 잘라서 붙인 평행사변형으로의 변형과 직사각형으로의 변형 방법을 활용한 형식화를 요구하고 있다.

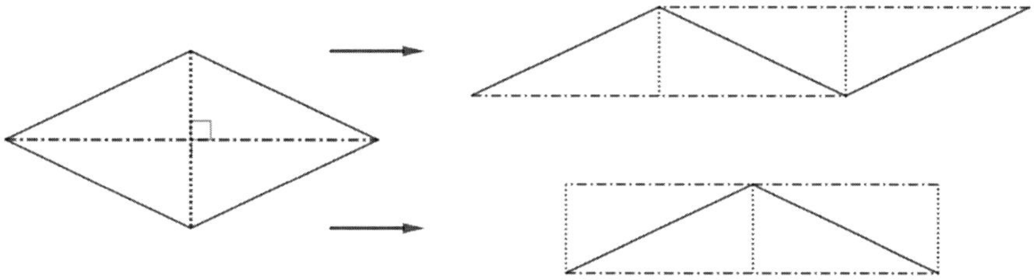

[그림 5.9] 마름모의 평행사변형과 직사각형으로의 등적변형

평행사변형으로의 등적변형은 앞에서 한 것처럼 용어를 정리하면

마름모의 넓이 = 평행사변형의 넓이
= (밑변의 길이) × (높이)
= (한 대각선의 길이) × (다른 대각선의 길이) ÷ 2

와 같이 형식화할 수 있다.

교과서는 또한 [그림 5.10]과 같은 직사각형으로의 배적변형 방법을 통한 형식화도 소개하고 있다. 이 형식화는 [그림 5.9]에서의 직사각형으로의 등적변형을 통한 형식화와 함께 연습문제로 남겨 두자.

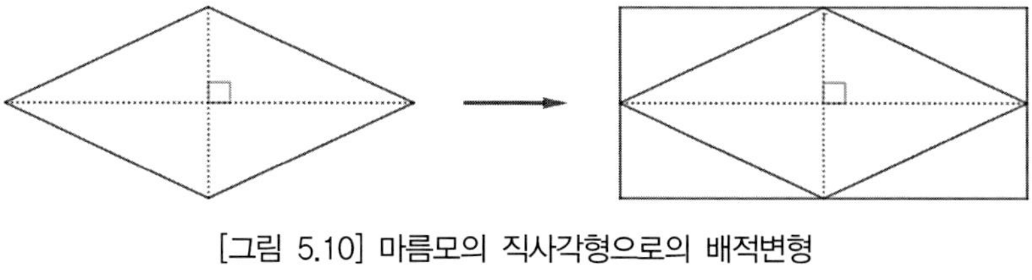

[그림 5.10] 마름모의 직사각형으로의 배적변형

교사용 지도서는 위에서 설명한 교과서에서의 방법 외에도 마름모의 다양한 넓이 추론 방법으로 다음과 같이 **반적변형**(半積變形), 배적변형의 다른 방법도 학생들이 할 수 있는 활동으로 제시하고 있다.

[그림 5.11]은 마름모를 각각의 대각선을 따라 잘라 또는 접어 삼각형으로 만드는 반적변형이다.

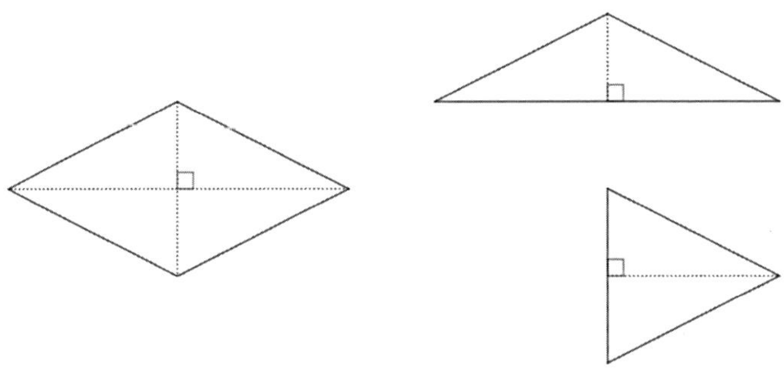

[그림 5.11] 마름모의 삼각형으로의 반적변형

[그림 5.12]는 넓이가 마름모의 두 배인 삼각형으로 만드는 배적변형이다.

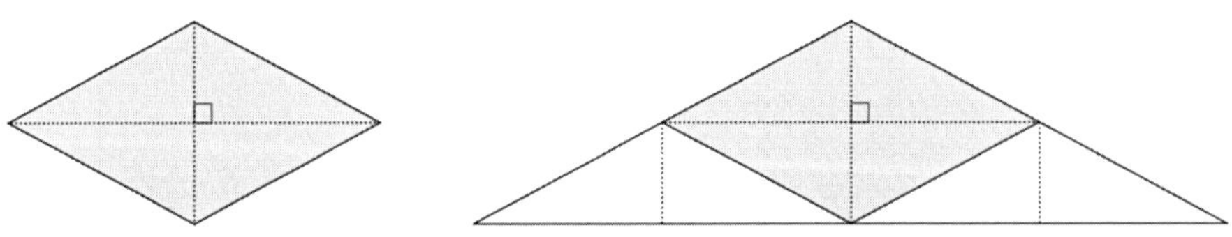

[그림 5.12] 마름모의 삼각형으로의 배적변형

[그림 5.11]은 마름모를 넓이가 반인 삼각형으로 만든 반적변형이기 때문에 삼각형 넓이의 두 배임에 유의하면 쉽게 형식화할 수 있고, [그림 5.12]는 넓이가 마름모의 두 배인 삼각형으로 만든 배적변형이기 때문에 삼각형 넓이의 반임에 유의하면 다음과 같이 형식화할 수 있다.

마름모의 넓이 = 삼각형의 넓이 ÷ 2

= [삼각형의] (밑변의 길이) × (높이) ÷ 2 ÷ 2

= (한 대각선의 길이) × 2 × (다른 대각선의 길이) ÷ 2 ÷ 2

= (한 대각선의 길이) × (다른 대각선의 길이) ÷ 2

우리는 지금까지 다양한 마름모의 넓이 추론 방법으로 배적, 반적, 배적변형을 학습하였다. 이 내용이 고스란히 녹아있는 것이 예제 5.2이다. 이 문항은 2016학년도 공립 초등학교 교사 임용후보자 선정경쟁시험의 초등학교 교육과정 A. 수학 6의 2)번 문항이다(교육과정평가원, 2015). 바로 여러분이 치룰 소위 '임용'이라는 시험의 문제이다. 도전!

예제 5.2 ▌ … (전략) … 마름모의 대각선의 길이를 각각 x, y라 할 때, 마름모의 넓이를 구하는 과정이 드러날 수 있도록 아래 그림의 ⓐ에 알맞은 식을 쓰시오. [1점]

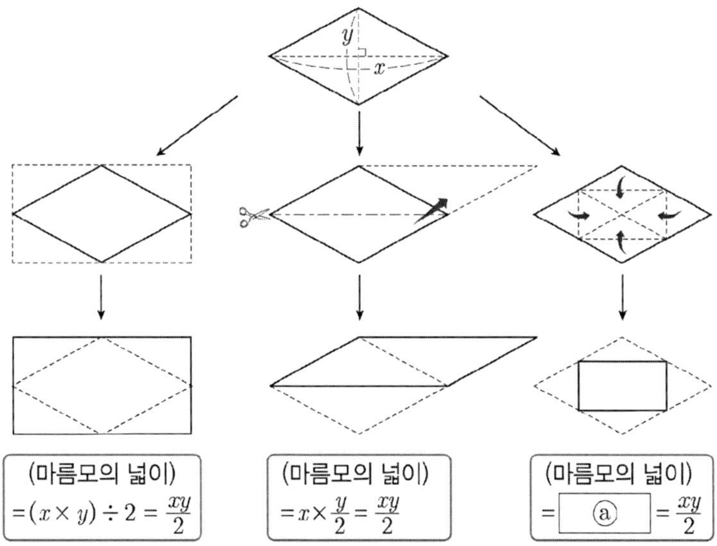

문제에서 '마름모의 넓이를 구하는 과정이 드러날 수 있도록'이라는 문구가 제시되어 있음에 유의하여 하나씩 해결해 보도록 하자. 왼쪽 그림은 직사각형으로의 배적변형이다. 그러므로 직사각형의 가로와 세로에 해당하는 것이 마름모의 각 대각선의 길이임과 배적변형임을 생각하면 $(x\times y)\div 2$임을 알 수 있다. 가운데 그림은 평행사변형으로의 등적변형이므로 $x\times\frac{y}{2}$이다. 구하려고 하는 오른쪽 그림은 직사각형으로의 반적변형이므로 ⓐ에 알맞은 식은 $\left(\frac{x}{2}\times\frac{y}{2}\right)\times 2$임을 알 수 있다. 해결?

5. 사다리꼴(Trapezoid)

교과서에서는 [그림 5.13]에서처럼 합동인 **사다리꼴** 2개를 붙인 평행사변형으로의 배적변형 방법을 활용하여 형식화하도록 하고 있다. 사다리꼴 모양이 조금 특수(?)하여 다른 도형으로의 등적변형을 생각하기가 조금은 힘들 것도 같아 보인다.

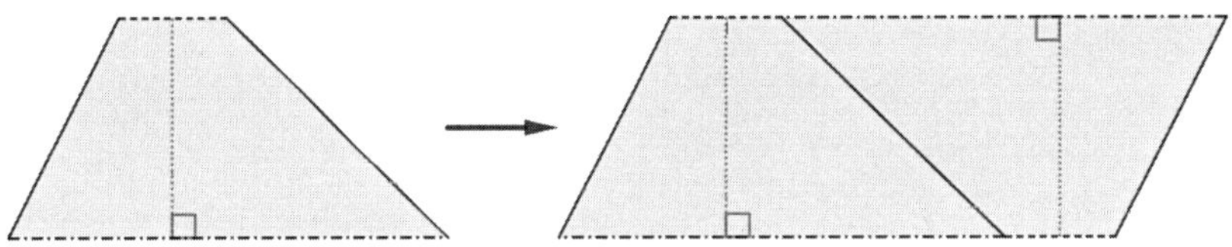

[그림 5.13] 사다리꼴의 평행사변형으로의 변형

평행사변형으로의 변형이라는 것을 알기에 우리는 다음과 같이 쉽게 형식화는 할 수 있을 것이다.

사다리꼴의 넓이 = 평행사변형의 넓이 ÷ 2

= [평행사변형의] (밑변의 길이) × (높이) ÷ 2

= ((윗변의 길이) + (아랫변의 길이)) × (높이) ÷ 2

[그림 5.14]에서처럼 사다리꼴을 2개의 삼각형으로 나누어 넓이를 형식화해 보자.

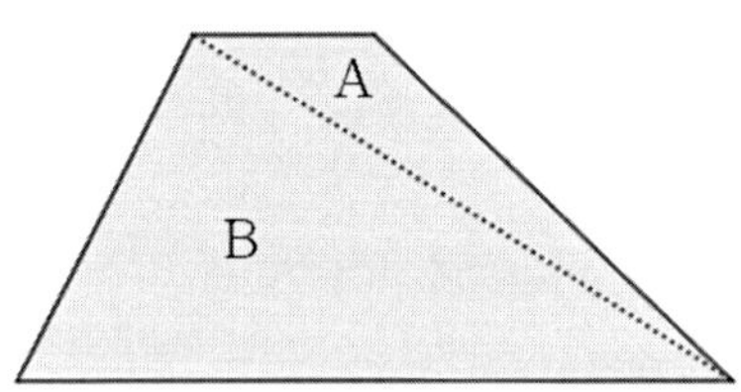

[그림 5.14] 두 삼각형으로 변형

우리는 다음과 같이 형식화할 수 있다. 그런데 초등학생들도 가능할까?

사다리꼴의 넓이 = 삼각형 A의 넓이 + 삼각형 B의 넓이

= [(밑변의 길이) × (높이) ÷ 2] + [(밑변의 길이) × (높이) ÷ 2]

= (윗변의 길이) × (높이) ÷ 2 + (아랫변의 길이) × (높이) ÷ 2

= ((윗변의 길이) + (아랫변의 길이)) × (높이) ÷ 2

6. 원(Circle)

현 2015 개정 수학과 교육과정에 따르면 원의 넓이는 초등학교의 마지막 학기인 6학년 2학기 5단원에서 학습하고 있다. 물론 교과서는 원의 지름에 대한 원주의 비율인 원주율부터 제시하고 있다. Archimedes' constant라고 부르는 원주율 π를 교과서에서는 '필요에 따라 3, 3.1, 3.14 등으로 어림하여 사용하기도 합니다.'로 제시하여 문항의 수치 구성 및 상황에 따라 달리 제공하고 있음에 유의하도록 하자.

원의 넓이는 5차시에서 [그림 5.15]처럼 '어림'으로 시작하고 있다.

반지름이 10 cm인 원 모양의 접시가 있습니다. 접시의 넓이를 어림해 봅시다.

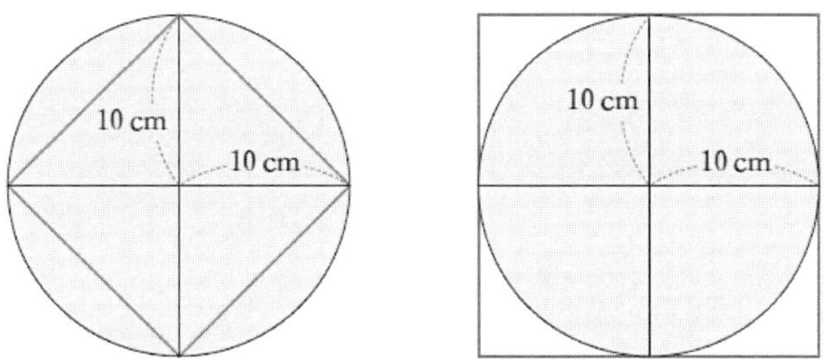

[그림 5.15] 원에 내접·외접하는 정사각형에 의한 원의 넓이 어림

Archimedes가 Archimedes' constant라고 부르는 원주율 π를 구하기 위해 생각했던 방법과 동일하게 즉, 하나의 원에 대하여 이 원에 내접하는 정다각형과 외접하는 정다각형을 생각하여 이 두 정다각형의 변의 수를 늘이면 늘일수록 원에 가까워지므로 두 정다각형의 넓이는 원의 넓이에 수렴할 것이라는 사고이다. 6학년 2학기 교사용지도서(2019, 교육과학기술부)는 이 부분에 대하여 다음과 같이 서술하고 있다.

> 원의 넓이는 다각형의 넓이를 구하는 방법과는 다르다 보니 학생들이 스스로 구하는 방법을 생각해내기는 어렵다. 이에 수학자 아르키메데스(Archimedes)가 내접다각형과 외접다각형의 변의 수를 늘려가면서 원하는 만큼 원의 넓이에 가까운 값을 구했던 방법을 아동의 수준에 맞게 변형하여 탐구하도록 지도하는 것이 필요하다. 이 단원에서는 원에 내접하는 마름모와 원에 외접하는 정사각형의 넓이를 사용하여 원의 넓이를 어림하였다.

[그림 5.15]의 어림으로 학생들은

$$200\,\mathrm{cm}^2 < \text{반지름의 길이가 } 10\,\mathrm{cm} \text{ 인 원의 넓이} < 400\,\mathrm{cm}^2$$

임을 알고 교사의 발문을 통해 원의 넓이가 $300\,\mathrm{cm}^2$쯤 될 것이라 답하도록 구성되어 있다. 이때 원에 내접하는 정사각형은 한 변의 길이가 무리수로 표현되어 정사각형의 넓이를 구할 수 없기 때문에 교과서는 대각선의 길이를 이용하여 넓이를 구할 수 있는 마름모라고 표현하고 있음과 내접·외접이라는 용어 대신에 원 안에·원 밖에 있는 이라고 표현하고 있음에 교사가 될 여러분들은 주의해야만 한다.

5차시의 두 번째 활동은 [그림 5.16]처럼 모눈을 세이 원의 넓이를 근사적으로 확인하게 하는 것이다. 이를 교사용지도서(2019, 교육과학기술부)는 '원의 넓이의 지도는 먼저 근사적으로 계산하여 귀납 추론 하게 하고, 이후에 연역적으로 확인하는 방법을 생각할 수 있다. 먼저, 넓이 측정판이나 모눈종이를 이용하여 원에 포함된 모눈을 세어 원의 넓이를 근사적으로 계산할 수 있다.'로 설명하고 있다.

반지름이 10 cm인 원의 넓이를 어림해 봅시다.

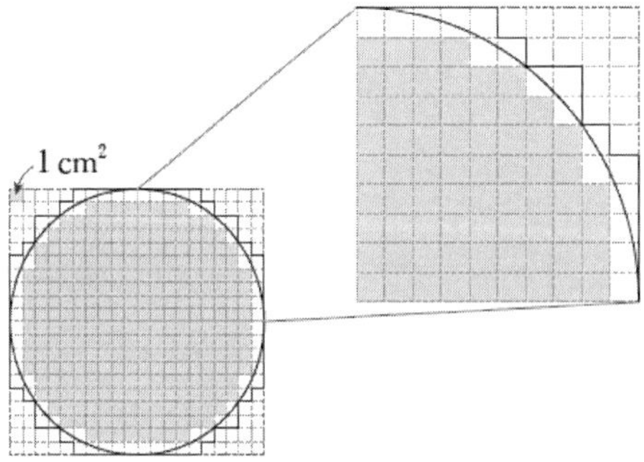

[그림 5.16] 모눈을 세어 원의 넓이 어림

[그림 5.16]과 같은 모눈 세기 활동의 어림으로 학생들은

$$276\,\mathrm{cm}^2 < \text{반지름의 길이가 } 10\,\mathrm{cm} \text{ 인 원의 넓이} < 344\,\mathrm{cm}^2$$

임을 알고 교사의 발문을 통해 원의 넓이가 $310\,\mathrm{cm}^2$쯤 될 것이라 답하도록 구성되어 있다.

차시의 마지막은 앞선 두 활동 즉, [그림 5.15]와 [그림 5.16]에 대한 적용으로 반지름의 길이가 $3\,\mathrm{cm}$, $5\,\mathrm{cm}$ 인 원의 넓이를 각각 어림하는 문항으로 구성되어 있다.

6차시에서 교과서는 [그림 5.17]을 제시하여 합동인 부채꼴을 지그재그로 붙인 직사각형으로의 등적변형 방법으로 원의 넓이를 형식화하도록 하고 있다.

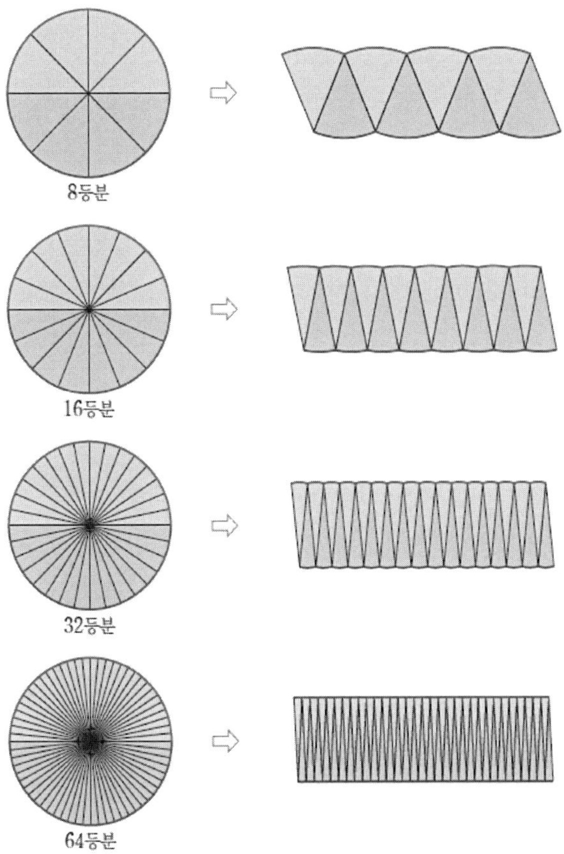

[그림 5.17] 등적변형을 이용한 원의 넓이 형식화

[그림 5.17]에 의해 우리는 다음과 같이 원의 넓이를 형식화할 수 있다.

원의 넓이 = 직사각형의 넓이
= (가로의 길이) × (세로의 길이)
= (원주) × 1/2 × (반지름의 길이)
= (원주율) × (지름의 길이) × 1/2 × (반지름의 길이)
= (반지름의 길이) × (반지름의 길이) × (원주율)

학생들이 이 등적변형을 생각해 내기는 많이 힘들 것 같아 보인다. [그림 5.17]의 근간에는 원의 직사각형으로의 변형뿐만 아니라 극한의 개념도 녹아 있기 때문이다. 따라서 등분을 하면 할수록 직사각형 모양에 가까워짐을 학생들의 직관에 의존해야만 하는 상황인 것이다. 따라서 교사가 될 여러분들은 이 차시를 교수할 때 유의해야만 할 사항이 있다. 그것은 [그림 5.17]에서 볼 수 있듯이 유한 번(64등분)의 등분이고 이때 변형된 도형은 학생들이 직사각형보다는 오히려 평행사변형이라고 인식하기 쉬운 도형이라는 것이다.

반지름의 길이가 r 인 원의 넓이를 그냥 πr^2 이라고 가르치는 것은 참으로 쉬운 일이다. 그러나 지금까지 학습한 내용들을 생각하면 여러분들이 가르칠 교과서의 내용은 그렇게 쉽지 않음을 느꼈을 것이다. 가르칠 내용에 대한 깊은 고뇌와 시행착오가 학교를 다닐 때(?) 경험해 보기를 소망한다.

Helping Children Learn Mathematics(5th Edition)을 2007년에 여러 연구자들이 번역한 책이 '초등수학 학습지도의 이해'이다. 이 책 513쪽에 다음과 같은 글이 있다. 교육대학에 재학하고 있는 여러분들이 지금까지 'How to solve it?'이라는 목표를 이정표로 삼았다면 지금부터는 'How to teach it?'이라는 이정표를 보고 가야 한다. 그 길목에 꼭 필요한 글귀이다.

> 여러 측정 상황에서 공식이 필요하긴 하지만, 공식이 측정 속성을 신중하게 개발하는 것이나 측정 과정을 대신해서는 안 된다. 공식을 이용하는 기능을 개발할 필요는 있지만 학생으로 하여금 그 공식이 어떻게 만들어졌는지를 알게 하는 것을 희생해서는 안 된다.

▶▶ 연습문제 5

1. 삼각형의 넓이는 [그림 5.7]에서처럼 두 가지의 변형 방법, 즉 직사각형으로의 변형과 평행사변형으로의 변형을 생각할 수 있다. 초등학교 교과서에서는 평행사변형으로의 변형 방법을 주된 방법으로 제시하고 있다. 그 이유는 무엇일까?

2. [그림 5.9]에서처럼 마름모의 직사각형으로의 등적변형을 통해 마름모의 넓이를 형식화하시오.

3. [그림 5.10]에서처럼 마름모의 직사각형으로의 배적변형을 통해 마름모의 넓이 공식을 유도하시오.

4. [그림 5.11]에서처럼 마름모의 삼각형으로의 반적변형을 통해 마름모의 넓이 공식을 유도하시오.

5. [그림 5.14]에서 사다리꼴을 2개의 삼각형으로 나누어 형식화하였다. 그와 같은 형식화가 초등학생들도 가능할지 토의해 보시오.

6. 다음은 6학년 2학기 '수학 익힘'(2019, 교육과학기술부)에 있는 문항이다. 모범 답안을 생각해 보시오.

   정육각형의 넓이를 이용하여 원의 넓이를 어림하려고 합니다. 삼각형 ㄱㅇㄷ의 넓이가 40 cm²이고, 삼각형 ㄹㅇㅂ의 넓이가 30 cm²라면 원의 넓이를 얼마쯤으로 어림할 수 있나요? 그렇게 생각한 이유는 무엇인가요?

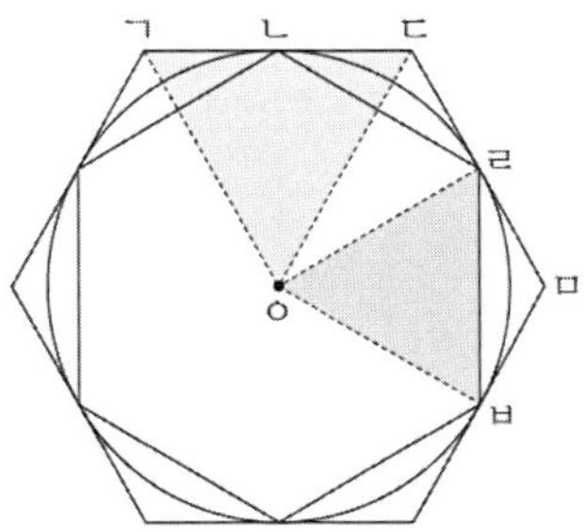

제 6 강 삼각형의 넓이

삼각형의 넓이를 계산하는 것은 다양한 상황에서 자주 발생하는 기본 문제이다. 초등학생들이 학습하는 공식은 삼각형의 밑변의 길이를 b라 하고, 높이를 h라 하면

$$S=\frac{1}{2}bh$$

이다. 인도의 수학자 Aryabhata(476-550)가 499년에 그의 저서에서 이 방법을 사용했다고 하니 참 오래된 공식이기도 하다. 그런데 이 공식은 삼각형의 밑변의 길이와 높이를 쉽게 알 수 있는 경우에만 유용하다. 실제로 삼각형에 대한 주어진 정보에 따라 우리는 삼각형의 넓이에 관한 다양한 공식을 유도할 수 있다. 따라서 이 강에서는 삼각형의 넓이에 대한 다양한 유도 방법을 학습하도록 하자.

1. 두 변과 그 끼인각에 의한 넓이

삼각형 ABC에서 먼저 두 변의 길이 a, b와 이 두 변 사이에 끼인 각의 크기 C를 알 때 삼각형의 넓이 S를 유도해보자.

[그림 6.1]에서처럼 삼각형 ABC에서 꼭짓점 A에서 대변 $\overline{\mathrm{BC}}$에 내린 수선의 발을 H라 하고, $\overline{\mathrm{AH}}=h$라 하자.

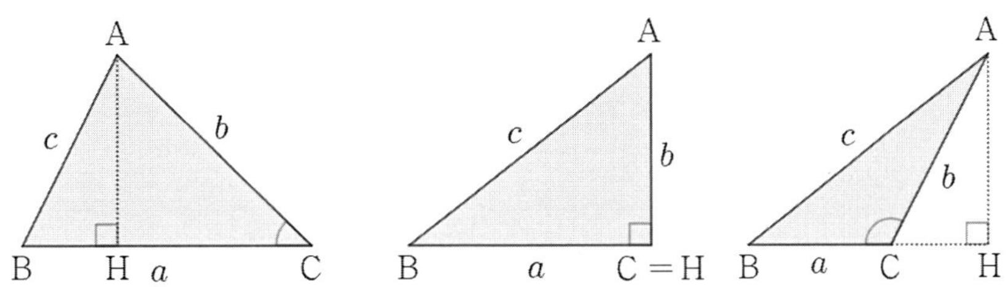

[그림 6.1] $C<90°$, $C=90°$, $C>90°$

[그림 6.1]의 어느 경우에도 $h=b\sin C$이므로 삼각형 ABC의 넓이는

$$S=\frac{1}{2}ab\sin C$$

이다. $C>90°$인 경우에 $\sin(\pi-C)=\sin C$임을 사용하였다.

| 정리 6.1 | 삼각형 ABC 에서 두 변의 길이를 a, b 라 하고, 이 두 변 사이에 끼인 각의 크기를 C 라 할 때 삼각형의 넓이 S는 다음과 같다.

$$S = \frac{1}{2}ab\sin C$$

같은 방법으로 b, c, A 또는 c, a, B 를 알 때의 넓이도 구할 수 있다. 즉, 삼각형 ABC 에서 세 변의 길이를 a, b, c 라 하고, 세 각의 크기를 A, B, C 라 할 때 그 넓이 S는

$$S = \frac{1}{2}ab\sin C = \frac{1}{2}bc\sin A = \frac{1}{2}ca\sin B$$

이다. 우리는 삼각형의 넓이를 구할 수 있는 아주 강력한 도구를 얻은 것이다.

예제 6.2 | 한 변의 길이가 a 인 정삼각형의 넓이 S를 구하시오.

[풀이] $S = \frac{1}{2} \cdot a \cdot a \cdot \sin 60° = \frac{\sqrt{3}}{4}a^2$ 이다.

다음은 2016학년도 공립 초등학교 교사 임용후보자 선정경쟁시험의 초등학교 교육과정 A. 수학 6의 3)번 문항이다(교육과정평가원, 2015). 문항의 출제 의도와는 다른 풀이 방법이지만, 정리 6.1을 이용하면 쉽게 구할 수 있다. 풀이는 해답란을 참고하면 된다. 그러나 지금 시험을 치른다고 생각하고 풀이해 보기를 권한다.

문제 6.3 | 다음 그림은 넓이가 1cm^2 인 정삼각형 13개를 사용하여 만든 것이다. 삼각형 ACE 의 넓이를 구하시오. [1점]

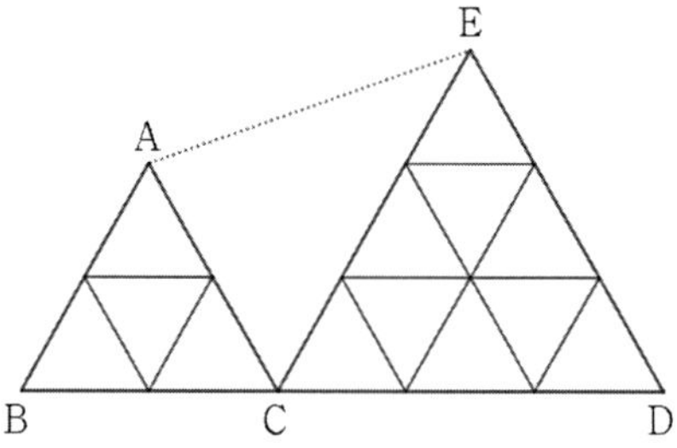

예제 6.4 ▌ 삼각형 ABC 에서 $a=1$, $b=2$, $\mathrm{A}=30°$ 일 때, 삼각형 ABC 의 넓이 S를 구하시오.

[풀이] $\dfrac{1}{\sin 30°}=\dfrac{2}{\sin \mathrm{B}}$ 이므로 $\sin \mathrm{B}=1$ 이다. 따라서 $\mathrm{B}=90°$ 이므로 $\mathrm{C}=60°$ 이다.

그러므로 넓이는 $\mathrm{S}=\dfrac{1}{2}\cdot 1\cdot 2\cdot \sin 60°=\dfrac{\sqrt{3}}{2}$ 이다.

한편, $\sin \mathrm{C}=\sin(\pi-\mathrm{C})=\sin(\mathrm{A}+\mathrm{B})$ 이므로 정리 6.1을

$$\mathrm{S}=\frac{1}{2}ab\sin(\mathrm{A}+\mathrm{B})=\frac{1}{2}bc\sin(\mathrm{B}+\mathrm{C})=\frac{1}{2}ca\sin(\mathrm{C}+\mathrm{A})$$

와 같이 두 각의 크기로 바꾸어 적을 수도 있다. 예제 6.4의 상황에 이 공식을 적용해 보면 $\mathrm{S}=\dfrac{1}{2}\cdot 1\cdot 2\cdot \sin 120°=\dfrac{\sqrt{3}}{2}$ 이 된다. 그러나 조금만 생각해보면 삼각형의 세 내각의 크기의 합이 180° 인 것을 알고 있는 우리가 굳이 알아 두어야 할 공식은 아닌 듯해 보인다.

다음의 공식은 어떤가? 한 변의 길이와 양 끝 각을 알면 삼각형의 넓이를 구할 수 있는 공식이라고 포장을 잘 하면 아주 중요한 공식으로 보이기도 한다. 앞서 학습한 sine법칙 $\dfrac{a}{\sin \mathrm{A}}=\dfrac{b}{\sin \mathrm{B}}$ 을 이용하면 쉽게 유도할 수 있다. 그러나 ….

$$\mathrm{S}=\frac{1}{2}ab\sin \mathrm{C}=\frac{b^2\sin \mathrm{A}\sin \mathrm{C}}{2\sin \mathrm{B}}=\frac{b^2\sin \mathrm{A}\sin(\mathrm{A}+\mathrm{B})}{2\sin \mathrm{B}}$$

2. 세 변에 의한 넓이

다각형의 둘레(perimeter)의 반을 기하학에서는 semi-perimeter라 부른다. 공식을 유도하는 과정에서나, 유도된 결과가 조금 더 간단하게 보이도록 하기 위해 자주 사용한다. 이를 문자 기호로 semi-perimeter의 첫 글자 s를 사용한다. 이 절에서는 삼각형만 학습할 것이므로 삼각형 둘레의 반 s를 다음과 같이 정의한다.

$$s=\frac{a+b+c}{2}$$

삼각형은 세 변의 길이를 알면 그 넓이를 구할 수 있다. 이 방법을 Heron이 그의 책 Metrica에서 제시하였다고 해서 우리는 이를 **Heron의 공식**이라 부른다.

▌정리 6.5▐ [Heron's formula] 삼각형 ABC 에서 세 변의 길이를 a, b, c라 할 때 삼각형의 넓이 S는 다음과 같다.

$$\mathrm{S} = \sqrt{s(s-a)(s-b)(s-c)}$$

[증명] $2s = a+b+c$이고 $\sin A > 0$임에 유의하여 증명해 보자.

$$\begin{aligned}\sin^2 A &= 1-\cos^2 A \\ &= \left(1+\frac{b^2+c^2-a^2}{2bc}\right)\left(1-\frac{b^2+c^2-a^2}{2bc}\right) \\ &= \frac{(a+b+c)(-a+b+c)(a-b+c)(a+b-c)}{4b^2c^2} \\ &= \frac{4s(s-a)(s-b)(s-c)}{b^2c^2}\end{aligned}$$

이므로 $\sin A = \dfrac{2\sqrt{s(s-a)(s-b)(s-c)}}{bc}$ 이다. 따라서 $\mathrm{S} = \dfrac{1}{2}bc\sin A$에 대입하여 정리하면 Heron의 공식 $\mathrm{S} = \sqrt{s(s-a)(s-b)(s-c)}$ 을 얻을 수 있다. ■

Heron의 공식에서 s를 사용하지 않으면

$$\mathrm{S} = \sqrt{(a+b+c)(a+b-c)(b+c-a)(c+a-b)}$$

로 표현할 수 있다. 순수하게(?) 삼각형의 세 변의 길이로만 넓이를 표현하고 있다.

예제 6.6 ▌ 삼각형의 세 변의 길이가 각각 5, 6, 7일 때, 넓이를 구하시오.

[풀이] $2s = 5+6+7$이므로 $s = 9$이다. 따라서 $\mathrm{S} = 6\sqrt{6}$ 이다.

문제 6.7 ▌ 평행사변형 ABCD 에서 $\overline{AB}=7$, $\overline{BC}=8$, $\overline{AC}=13$일 때, 다음을 구하시오.

(1) $\angle ABC$

(2) 평행사변형 ABCD 의 넓이

(3) $\overline{BD}$

(4) $\sin(\angle ACB)$

3. 삼각형의 외심에 의한 넓이

평면에서 한 직선 위에 있지 않은 세 점을 지나는 원은 유일하게 존재한다. 그러므로 삼각형의 세 꼭짓점을 모두 지나는 원도 단 하나 존재하는데 이 원을 우리는 삼각형의 **외접원**(外接圓, circumscribed circle)이라고 부르고, 이 외접원의 중심을 삼각형의 **외심**(外心, circumcenter)이라 부른다. 따라서 [그림 6.3]에서와 같이 삼각형의 외심에서 이 삼각형의 세 꼭짓점까지의 거리는 모두 같다.

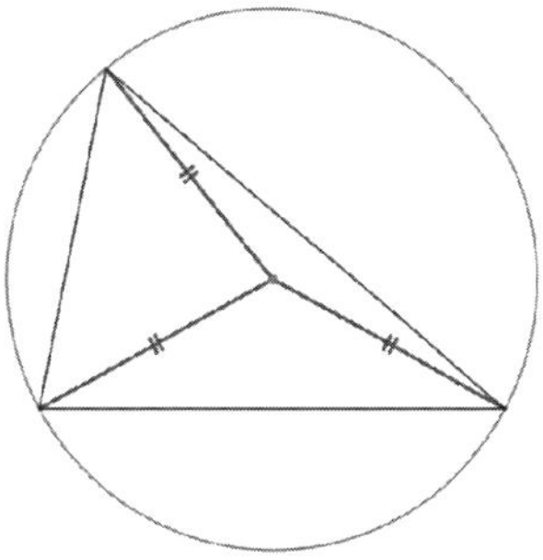

[그림 6.3] 삼각형의 외심

모든 삼각형에는 외접원이 존재한다는 것은 잘 알고 있고, 원에서 현의 수직이등분선은 원의 중심을 지난다는 성질 또한 잘 알고 있는 내용이다. [그림 6.4]에서와 같이 삼각형의 각 변은 외접원의 현이 되므로 각 현의 수직이등분선은 외접원의 중심을 지나게 되는 것이다. 즉, 삼각형의 세 변의 수직이등분선 위에 외심이 있게 된다. 따라서 외심은 삼각형의 세 변의 수직이등분선의 교점이라고도 할 수 있다.

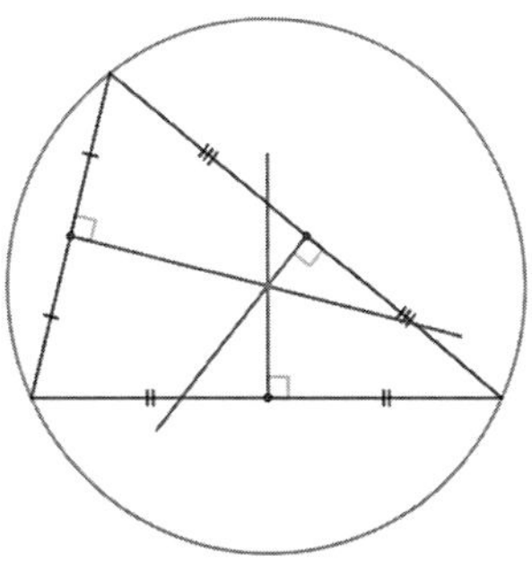

[그림 6.4] 삼각형의 외심

삼각형의 외심은 그 삼각형의 모양에 의존한다. 이 말의 의미는 삼각형의 외심은 삼각형의 모양에 따라 그 위치를 달리한다는 것을 말한다. 실제로 직각삼각형의 외심은 삼각형의 빗변 위에 있고, 그 빗변의 중점이 외심이다. 이 내용은 원주 위에 서로 다른 세 점 A, B, C가 있고 선분 AC가 이 원의 지름일 때, ∠ABC는 직각이라는 것 즉, **Thales의 정리**를 말한다. 이 Thales의 정리가 중학교 2학년에서 학습한 것 중에 하나인 '지름에 대한 원주각은 직각'이라는 것이다. 따라서 직각삼각형의 외심은 삼각형의 빗변 위에 있다는 것과 Thales의 정리는 사실 같은 상황을 의미한다.

둔각삼각형의 외심은 그 삼각형의 외부에 있고, 예각삼각형의 외심은 그 삼각형의 내부에 있다. [그림 6.5]는 직각삼각형, 둔각삼각형, 예각삼각형의 외심의 위치를 그림으로 나타낸 것이다.

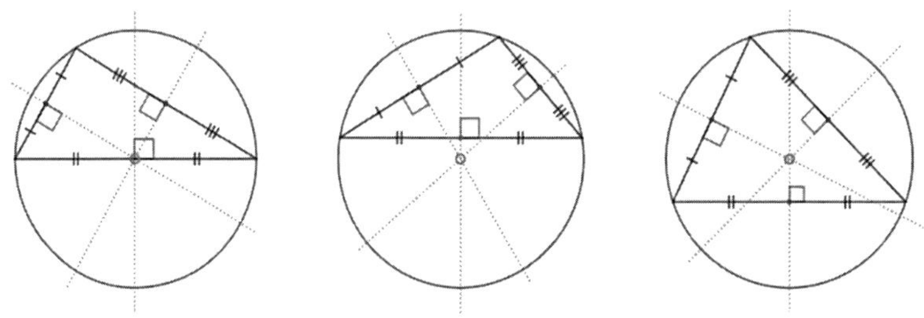

[그림 6.5] 삼각형 모양에 따른 외심의 위치

우리는 R을 삼각형 ABC의 외접원의 반지름의 길이라 하면

$$\frac{a}{\sin A} = \frac{b}{\sin B} = \frac{c}{\sin C} = 2R$$

이 성립한다는 것을 알고 있다. 따라서 한 각의 크기와 그 각의 대변의 길이만 알면 외접원의 반지름의 길이를 바로 알 수 있게 된다.

삼각형의 세 변의 길이 a, b, c를 안다면 $\mathrm{S} = \frac{1}{2}bc\sin A$와 $\frac{a}{\sin A} = 2R$로부터

$$R = \frac{abc}{4\mathrm{S}}$$

임도 바로 유도할 수 있고, Heron의 공식을 통해 다음도 유도할 수 있다.

$$R = \frac{abc}{4\sqrt{s(s-a)(s-b)(s-c)}}$$

4. 삼각형의 내심에 의한 넓이

삼각형의 **내접원**(內接圓, inscribed circle)은 삼각형의 내부에 있고, 삼각형의 세 변에 동시에 접하는 원을 말한다. 이 내접원의 중심을 삼각형의 **내심**(內心, incenter)이라 부른다. 따라서 [그림 6.6]에서와 같이 삼각형의 내심에서 이 삼각형의 세 변까지의 거리는 모두 같다. 삼각형의 내접원은 삼각형의 내부에 있는 원 중에서 넓이가 가장 큰 원이다. 즉, 반지름의 길이가 가장 긴 원이다.

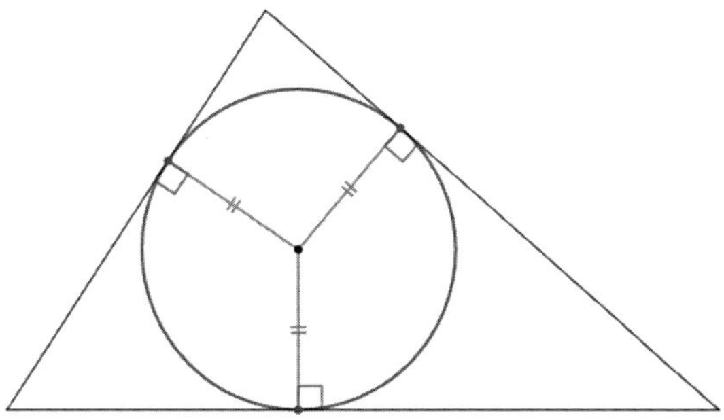

[그림 6.6] 삼각형의 내심

모든 삼각형에는 내접원이 존재한다는 것은 잘 알고 있다. 삼각형의 세 각의 이등분선은 한 점에서 만난다는 성질 또한 잘 알고 있는 내용이다. 증명 또한 두 직각삼각형의 합동을 이용하면 쉽게 해결할 수 있다. 따라서 [그림 6.7]에서와 같이 삼각형의 세 내각의 이등분선의 교점이 삼각형의 내접원의 중심 즉 내심이 된다. 따라서 내심은 삼각형의 세 각의 이등분선의 교점이라고도 할 수 있다.

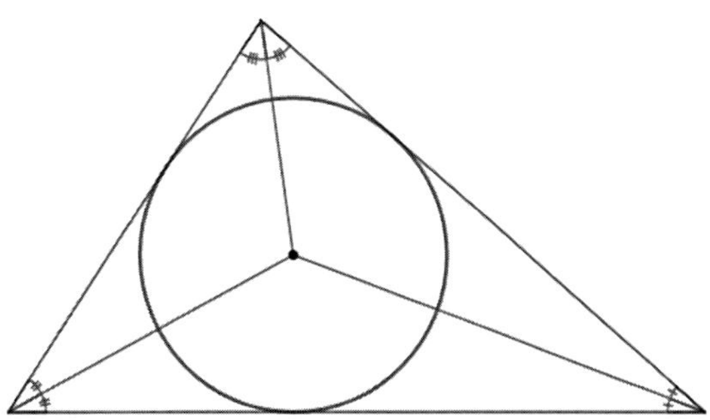

[그림 6.7] 삼각형의 내심 작도

삼각형의 결정조건[5)]으로부터 세 변의 길이가 주어지면 삼각형도 유일하게 정해지고, 이에 따라 내접원도 유일하게 결정된다. 그러므로 삼각형의 세 변의 길이가 주어지면 내접원의 반지름의 길이도 정해진다.

[그림 6.8]을 이용하여 삼각형의 세 변의 길이가 주어졌을 때, 삼각형의 넓이와 내접원의 반지름의 길이 사이의 관계를 살펴보자.

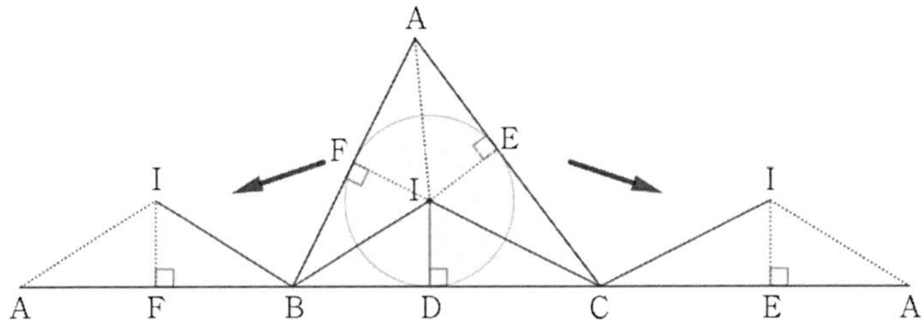

[그림 6.8] 삼각형의 내심을 이용한 넓이

[그림 6.8]에서 삼각형 ABC의 내심을 I, 내접원의 반지름의 길이를 r이라 하고 삼각형의 넓이를 구해보면

$$\begin{aligned} S &= \triangle AIB + \triangle IBC + \triangle ICA \\ &= \frac{1}{2}\cdot\overline{AB}\cdot\overline{IF} + \frac{1}{2}\cdot\overline{BC}\cdot\overline{ID} + \frac{1}{2}\cdot\overline{CA}\cdot\overline{IE} \\ &= \frac{1}{2}(\overline{AB}+\overline{BC}+\overline{CA})r \\ &= sr \end{aligned}$$

이다. 따라서 $S = sr$이므로 Heron의 공식으로부터 다음과 같은 내접원의 반지름의 길이를 유도할 수 있다.

$$r = \frac{\sqrt{s(s-a)(s-b)(s-c)}}{s} = \sqrt{\frac{(s-a)(s-b)(s-c)}{s}}$$

---

5) 삼각형이 하나로 유일하게 정해지는 조건을 삼각형의 결정조건이라 한다. 이 조건은 다음과 같다.
① 세 변의 길이가 주어지면 삼각형은 유일하게 결정된다.
② 두 변의 길이와 그 끼인 각이 주어지면 삼각형은 유일하게 결정된다.
③ 한 변의 길이와 그 양 끝 각이 주어지면 삼각형은 유일하게 결정된다.
삼각형의 세 각의 크기가 주어졌을 때 만들어지는 삼각형은 유일하지 않음에 주의하자.

5. 삼각형의 내심, 외심과 넓이

모든 삼각형에는 외접원과 내접원이 존재한다. 우리는 4, 5절에서 외접원과 내접원의 반지름의 길이와 삼각형의 넓이와는 다음의 관계가 있음을 알아보았다.

$$R = \frac{abc}{4\mathrm{S}}, \qquad r = \frac{\mathrm{S}}{s}.$$

삼각형의 세 변의 길이 a, b, c를 안다면 넓이를 구하지 않고서도

$$R = \frac{abc}{4\sqrt{s(s-a)(s-b)(s-c)}}, \qquad r = \sqrt{\frac{(s-a)(s-b)(s-c)}{s}}$$

와 같이 외접원과 내접원의 반지름의 길이를 구할 수 있다.

예제 6.8 ▎ 삼각형의 세 변의 길이가 각각 13, 14, 15이다. 이때, 이 삼각형의 외접원의 반지름의 길이 R과 내접원의 반지름의 길이 r을 구하시오.

[풀이] $2s = 13+14+15$이므로 $s = 21$이다. 따라서 $\mathrm{S} = 84$이다. 그러므로

$$R = \frac{abc}{4\mathrm{S}} = \frac{13 \cdot 14 \cdot 15}{4 \cdot 21} = \frac{65}{8}, \qquad r = \frac{\mathrm{S}}{s} = \frac{84}{21} = 4.$$

위 넓이와의 관계를 나타낸 두 식으로부터

$$2Rr = \frac{abc}{a+b+c}$$

이라는 재미난 식도 쉽게 유도할 수 있다. 조금만 시간을 더 투자하면 여러분 모두

$$ab+bc+ca = s^2 + (4R+r)r, \qquad a^2+b^2+c^2 = 2s^2 - 2(4R+r)r$$

이라는 식도 유도할 수 있다. 이 모두가 삼각형 세 변의 길이 a, b, c와 외접원과 내접원의 반지름의 길이에 대한 관계식이다. 수학에서 공식이라는 것이 '문제 풀이를 쉽게 해주는 것'이라는 생각에 부정할 수는 없지만, 이 많은 공식을 우리의 머릿속에 모두 다 넣을 수도 없다. 지금까지 많은 공식이 교재에 등장하였지만, 실제로 몇 가지의 공식에서 유도된 것이다. 공식이 함의하고 있는 의미는 등한시하고 외워서 문제를 해결하려고 하면 수학은 계속해서 어려워진다. 아마도(?) 이 책을 읽고 있는 여러분은 교사가 될 사람일 것이다. 교사의 역량이 곧 학생의 역량임을 잊지 말자.

6. Doodle

삼각형의 세 변의 길이 a, b, c를 알 때, 외접원의 반지름의 길이 R과 삼각형의 넓이 S와는 다음의 관계가 있음을 알아보았다.

$$R = \frac{abc}{4\mathrm{S}}$$

이 공식을 유도하기 위해서는 우리는 삼각형의 넓이를 구하는 공식과 sine법칙, 즉

$$\frac{1}{2}bc\sin\mathrm{A} = \frac{1}{2}ca\sin\mathrm{B} = \frac{1}{2}ca\sin\mathrm{C}, \qquad \frac{a}{\sin\mathrm{A}} = \frac{b}{\sin\mathrm{B}} = \frac{c}{\sin\mathrm{C}} = 2R$$

등을 알고 있어야 한다. 그런데 [그림 6.9]를 이용하면 다음과 같은 방법으로 유도를 할 수 있다. 중학생들도 할 수 있는 증명이다.

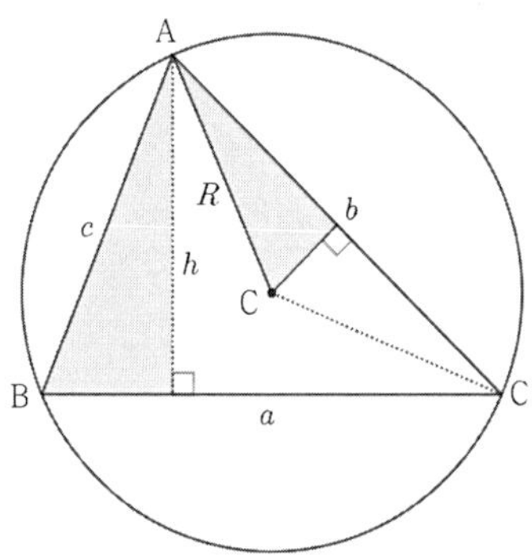

[그림 6.9] 두 삼각형의 닮음

[그림 6.9]에서 음영이 있는 두 삼각형은 직각삼각형이므로 닮음이다. 따라서

$$\frac{h}{c} = \frac{b/2}{R}$$

이므로

$$h = \frac{bc}{2R}$$

이다. 그러므로 삼각형 ABC의 넓이를 S라 하면 다음이 성립한다.

$$\mathrm{S} = \frac{1}{2} \cdot a \cdot h = \frac{1}{2} \cdot a \cdot \frac{bc}{2R} = \frac{abc}{4R}$$

고대의 수학자 Thales는 해가 일정한 높이에 있을 때, 자신의 키와 그림자를 두 변으로 하는 삼각형과 피라미드의 높이와 그림자를 두 변으로 하는 삼각형이 닮음인 것을 이용하여 피라미드의 높이를 재었다고 전해진다.

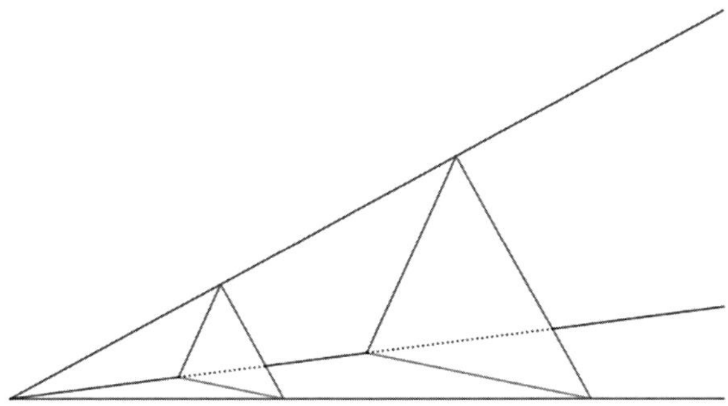

[그림 6.10] 두 삼각형의 닮음

[그림 6.10]을 보면 아마도 **닮음**(similarity)을 떠올릴 것이다. 두 쌍의 대응하는 각의 크기가 같으면 두 삼각형은 서로 닮음이다. 소위 AA닮음이라 부르는 그것이다. 이것이 삼각형의 세 각의 크기가 주어졌을 때 만들어지는 삼각형이 유일하지 않음에 대한 이유이기도 하다. 따라서 이 삼각형의 넓이도 유일하게 결정되지 않는다. 그렇다면 어떻게 하면 넓이를 구할 수 있을까? 세 변의 길이 중 하나만 알면 된다. 당연한 소리를 하고 있다고 생각하겠지만, 길이에 주의하면 …. 그렇다. 주어진 삼각형의 내접원의 반지름의 길이 또는 외접원의 반지름의 길이만 알아도 해결할 수 있는 것이다. 문제 6.9의 해결은 연습문제로 남겨 둔다.

문제 6.9 ▌ 삼각형 ABC의 외접원의 반지름의 길이를 R이라 하면

$$\mathrm{S} = 2R^2 \sin \mathrm{A} \sin \mathrm{B} \sin \mathrm{C}$$

이 성립한다. 이 식을 유도하시오.

여러분 모두가 다 아는 정사각형의 넓이 공식, 그런데 정사각형의 넓이는 직사각형의 넓이만 구할 수 있어도 해결할 수 있다. 이 말의 의미를 곰곰이 생각해 보라.

▶▶ 연습문제 6

1. 세 직선 $y=2x+1$, $2y=x+2$, $x+y=4$로 둘러싸인 삼각형의 넓이를 구하시오.

2. 한 변의 길이가 a인 정삼각형의 넓이를 Heron의 공식으로 구하시오.

3. 삼각형 ABC에서 $a=4(\sqrt{3}+1)$, $\mathrm{B}=60°$, $\mathrm{C}=45°$일 때 그 넓이를 구하시오.

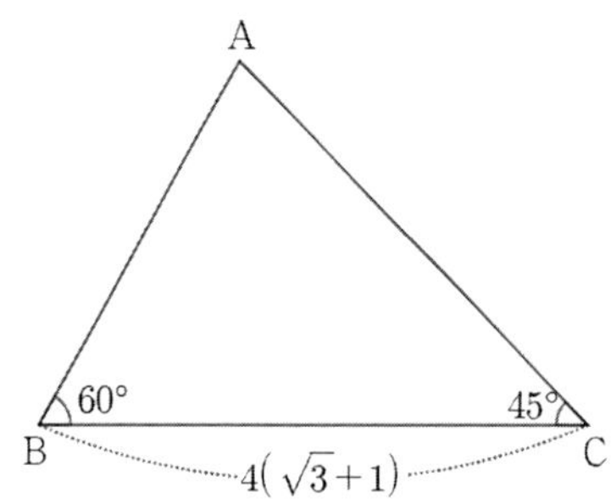

4. 삼각형 ABC에서 $a=\sqrt{3}+1$, $\mathrm{B}=60°$, $\mathrm{C}=45°$일 때, b, c의 값을 구하시오.

5. 삼각형 ABC의 꼭짓점 A에서 변 $\overline{\mathrm{BC}}$에 내린 수선을 $\overline{\mathrm{AD}}$라 하자. 이때, $\overline{\mathrm{AB}}=10$, $\overline{\mathrm{AC}}=7$, $\overline{\mathrm{AD}}=6$일 때 삼각형 ABC의 외접원의 반지름의 길이를 구하시오.

6. 삼각형 ABC의 외접원의 반지름의 길이를 R이라 하면

$$\mathrm{S}=2R^2\sin\mathrm{A}\sin\mathrm{B}\sin\mathrm{C}$$

이 성립한다. 이 식을 유도하시오.

7. 세 내각이 각각 $45°$, $60°$, $75°$이고, 외접원의 반지름의 길이가 2인 삼각형의 넓이를 구하시오. 단, $\sin 75°=\dfrac{\sqrt{6}+\sqrt{2}}{4}$이다.

8. 삼각형 ABC에서 $\overline{\mathrm{AB}}=7$, $\overline{\mathrm{BC}}=4\sqrt{2}$, $\overline{\mathrm{CA}}=5$일 때 삼각형 ABC의 넓이와 이 삼각형의 외접원의 반지름의 길이, 내접원의 반지름의 길이를 구하시오.

9. 그림과 같이 정사각형 OABC 의 변 AB 위에 꼭짓점 A, B 가 아닌 한 점 D 를 지나는 직선 CD 를 그을 때 빗금 친 부분의 넓이가 사다리꼴 OADC 의 넓이와 같아졌다. 이때 직선 CD 의 기울기를 구하시오.

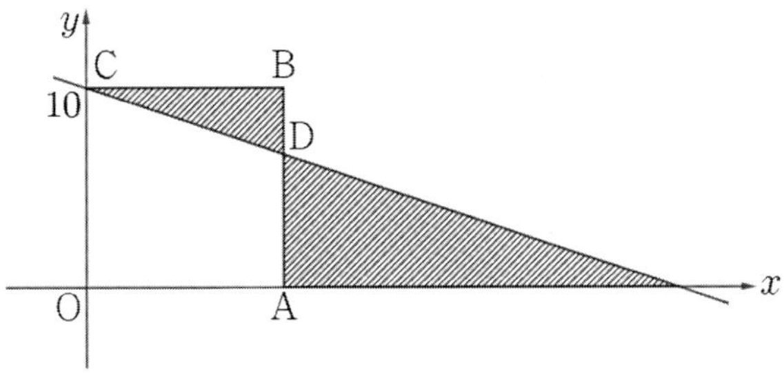

10. 삼각형 ABC 의 세 꼭짓점 A(1, 1), B(9, −3), C(9, 5) 에서 같은 거리에 있는 점 P 의 좌표를 구하시오.

11. 세 직선 $x-y+2=0$, $x+y-4=0$, $x-4y-4=0$ 으로 만들어지는 삼각형의 외접원의 넓이를 구하시오.

12. 둘레의 길이가 90 이고 넓이가 180 인 직각삼각형의 빗변의 길이를 구하시오.

13. 그림과 같이 넓이가 10 인 삼각형 ABC 가 있다. 세 점 D, E, F 는 각각 세 변 AB, BC, CA 위의 점이고, $\overline{AD}=2$, $\overline{BD}=3$ 이다. 삼각형 ABE 와 사각형 DBEF 의 넓이가 같을 때, 삼각형 ABE 의 넓이를 구하시오.

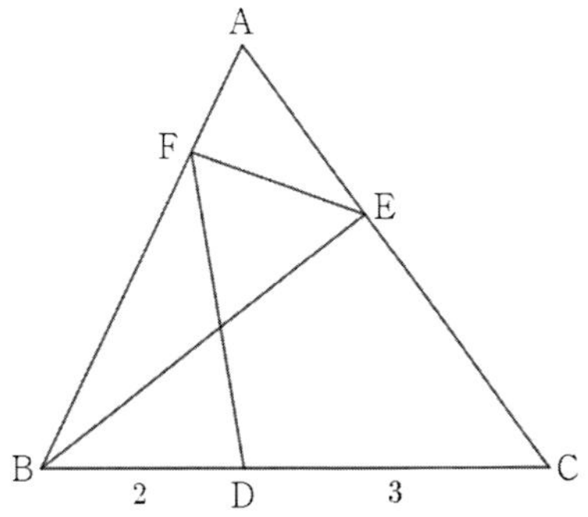

14. 반지름의 길이가 2 인 원 O 에 내접하는 이등변삼각형의 넓이의 최댓값을 구하시오.

제 7 강 사각형의 넓이

이 강에서는 사각형(quadrilateral)의 넓이에 대한 내용들을 정리하기로 하자. 사각형의 넓이는 초등학교에서부터 학습한다. 여러분들은 6강 삼각형의 넓이 단원에서 여러 가지 강력한 도구들을 학습했으므로 대부분의 사각형들의 넓이는 구할 수 있을 것이다. 왜냐하면 하나의 사각형은 두 개의 삼각형으로 분할할 수 있기 때문이다. 실제로 이 내용을 예제 7.1을 통해 확인해보도록 하자. 물론 고등학교에서 학습한 평행사변형으로의 배적변형을 통해서도 확인할 수 있다.

예제 7.1 ▍ 두 대각선의 길이가 a, b이고, 두 대각선이 이루는 각의 크기가 θ인 사각형이 있다. 이 사각형의 넓이 S를 구하시오.

[풀이] 사각형 ABCD를 [그림 7.1]과 같이 네 개의 삼각형으로 나누어

$$x+y=a, \quad p+q=b$$

라 하면 사각형의 넓이 S는 다음과 같다.

$$\begin{aligned} \mathrm{S} &= \triangle\mathrm{OAB}+\triangle\mathrm{OBC}+\triangle\mathrm{OCD}+\triangle\mathrm{ODA} \\ &= \frac{1}{2}xp\sin\theta+\frac{1}{2}py\sin(\pi-\theta)+\frac{1}{2}yq\sin\theta+\frac{1}{2}qx\sin(\pi-\theta) \\ &= \frac{1}{2}(xp+py+yq+qx)\sin\theta \\ &= \frac{1}{2}(x+y)(p+q)\sin\theta \\ &= \frac{1}{2}ab\sin\theta \end{aligned}$$

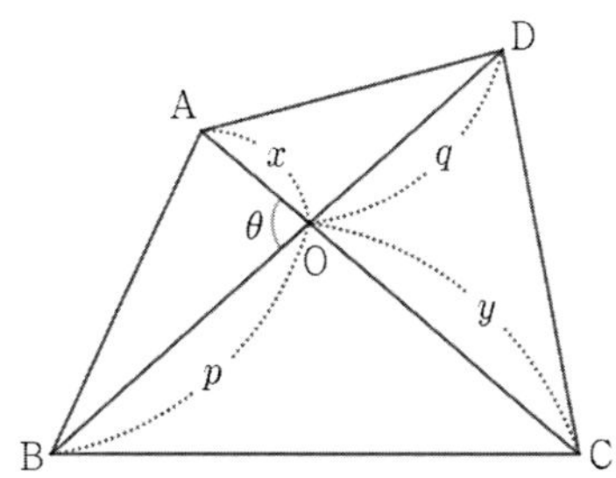

[그림 7.1]

1. Bretschneider's formula

독일의 수학자 Carl A. Bretschneider(1808-1878)는 주어진 사각형의 넓이에 대한 멋진 결과(정리 7.5)를 1842년에 도출하였다. 우리도 이 공식을 한 번 유도해 보자. 이를 유도하기 위해서는 먼저 고등학생용 인수분해 문제의 해결이 필요하다.

예제 7.2 ❙ $4(ab+cd)^2-(a^2+b^2-c^2-d^2)^2$을 인수분해 하시오.

[풀이]

$$\begin{aligned} & 4(ab+cd)^2-(a^2+b^2-c^2-d^2)^2 \\ =\ & \{(a+b)^2-(c-d)^2\}\{-(a-b)^2+(c+d)^2\} \\ =\ & (-a+b+c+d)(a-b+c+d)(a+b-c+d)(a+b+c-d) \end{aligned}$$

예제 7.2에서 $2s=a+b+c+d$라 두면

$$4(ab+cd)^2-(a^2+b^2-c^2-d^2)^2=16(s-a)(s-b)(s-c)(s-d)$$

와 같이 간단(?)하게 표현할 수 있다.

삼각함수의 덧셈정리(정리 3.11)를 이용하면 삼각함수에 대한 여러 가지 공식들을 유도할 수 있다. 그러나 여기서는 정리 7.5를 증명하기 위하여 하나의 공식만을 유도하기로 한다. 예제 7.3의 결과를 cosine의 **반각(半角)공식**이라 부르기도 한다.

예제 7.3 ❙ $\dfrac{1+\cos\alpha}{2}=\cos^2\dfrac{\alpha}{2}$ 임을 보이시오.

[풀이] 덧셈정리 $\cos(\alpha+\beta)=\cos\alpha\cos\beta-\sin\alpha\sin\beta$를 적용하면

$$\cos\alpha=\cos\left(\frac{\alpha}{2}+\frac{\alpha}{2}\right)=\cos^2\frac{\alpha}{2}-\sin^2\frac{\alpha}{2}=2\cos^2\frac{\alpha}{2}-1$$

문제 7.4 ❙ 1. $\dfrac{1-\cos\alpha}{2}=\sin^2\dfrac{\alpha}{2}$ 임을 보이시오.

2. $\dfrac{1-\cos\alpha}{1+\cos\alpha}=\tan^2\dfrac{\alpha}{2}$ 임을 보이시오.

▌정리 7.5▐ [Bretschneider's formula] 사각형 ABCD 의 각 변의 길이를 a, b, c, d라 하고, $\angle \mathrm{B}$ 와 $\angle \mathrm{D}$ 가 서로 대각일 때, 사각형 ABCD 의 넓이를 S라 하면

$$\mathrm{S} = \sqrt{(s-a)(s-b)(s-c)(s-d) - abcd \cdot \cos^2\left(\frac{\mathrm{B}+\mathrm{D}}{2}\right)}$$

이다. 단 $2s = a+b+c+d$ 이다.

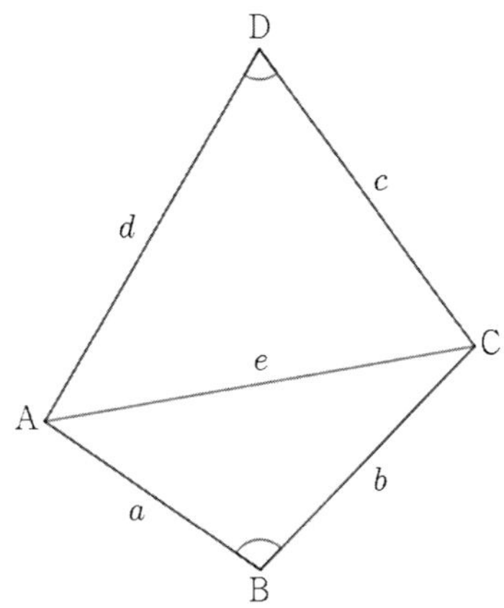

[그림 7.2]

[그림 7.2]에서처럼 삼각형 ABC 의 넓이는 $\frac{1}{2}ab\sin\mathrm{B}$ 이고, 삼각형 ACD 의 넓이는 $\frac{1}{2}cd\sin\mathrm{D}$ 이므로 사각형 ABCD 의 넓이를 S라 하면

$$\mathrm{S} = \frac{1}{2}(ab\sin\mathrm{B} + cd\sin\mathrm{D})$$

이다. 따라서 양변을 제곱하면

$$4\mathrm{S}^2 = a^2b^2\sin^2\mathrm{B} + 2abcd\sin\mathrm{B}\sin\mathrm{D} + c^2d^2\sin^2\mathrm{D}$$

이다. cosine법칙을 사용하여 대각선의 길이 e 를 구하면

$$e^2 = a^2 + b^2 - 2ab\cos\mathrm{B}, \qquad e^2 = c^2 + d^2 - 2cd\cos\mathrm{D}$$

이므로

$$a^2 + b^2 - c^2 - d^2 = 2ab\cos\mathrm{B} - 2cd\cos\mathrm{D}$$

를 얻는다. 양 변을 제곱하여 정리하면

$$\frac{(a^2+b^2-c^2-d^2)^2}{4} = a^2b^2\cos^2 B - 2abcd\cos B\cos D + c^2d^2\cos^2 D$$

이다. 따라서 이 식을 $4S^2$의 식과 서로 더하여 예제 7.4를 이용하면

$$\begin{aligned} 4S^2 + \frac{(a^2+b^2-c^2-d^2)^2}{4} &= a^2b^2 + c^2d^2 - 2abcd\cos(B+D) \\ &= (ab+cd)^2 - 2abcd - 2abcd\cos(B+D) \\ &= (ab+cd)^2 - 4abcd\cos^2\left(\frac{B+D}{2}\right) \end{aligned}$$

이므로

$$16S^2 = 4(ab+cd)^2 - (a^2+b^2-c^2-d^2)^2 - 16abcd\cos^2\left(\frac{B+D}{2}\right)$$

이다. 따라서 예제 7.2에 의해서

$$16S^2 = 16(s-a)(s-b)(s-c)(s-d) - 16abcd\cos^2\left(\frac{B+D}{2}\right)$$

이므로 다음을 얻을 수 있다.

$$S = \sqrt{(s-a)(s-b)(s-c)(s-d) - abcd \cdot \cos^2\left(\frac{B+D}{2}\right)}.$$

■

참 멋진 공식이다. 그런데 증명 과정의 처음 부분을 잘 살펴보면 '삼각형 ABC 의 넓이는 $\frac{1}{2}ab\sin B$ 이고, 삼각형 ACD 의 넓이는 $\frac{1}{2}cd\sin D$ 이므로'가 있다. 네 변의 길이와 대각의 크기가 주어진 사각형의 넓이를 구하는 문제를 해결하는 과정이라면 사실 여기서 바로 해결되었을 것이다. 그럼에도 이 멋진 공식을 제시한 이유는 증명 과정에서의 아이디어를 학습하기 위함이다.

아래의 식은 1939년 세상에 얼굴을 내민 공식이다. [그림 7.2]에서 두 대각선의 길이를 e, f라 하면 얻을 수 있다. 대각의 조건이 대각선의 길이 조건으로 바뀌었다고 생각하면 된다. 해결을 위해서는 여러분들의 아이디어가 필요하다. 도전!

$$S = \sqrt{(s-a)(s-b)(s-c)(s-d) - \frac{1}{4}(ac+bd+ef)(ac+bd-ef)}$$

2. 내접사각형의 넓이

내접사각형(內接四角形, inscribed quadrilateral, cyclic quadrilateral)이란 모든 꼭짓점이 하나의 원 위에 있는 사각형을 말한다. 이때 이 원을 사각형의 외접원이라 부르고, 외접원의 중심을 **외심**(circumcenter)이라 한다. 원의 입장에서 보면 사각형이 원에 내접하고 있기 때문에 이 사각형을 내접사각형이라 부르는 것이고, 사각형의 입장에서 보면 원이 사각형에 외접하고 있기 때문에 외접원이라 부른다고 생각하면 이해하기가 쉬울 것이다.

6강에서 공부하였듯이 어떤 모양의 삼각형이라도 외접원이 항상 존재하지만, 사각형의 경우에는 항상 존재하는 것이 아니다.

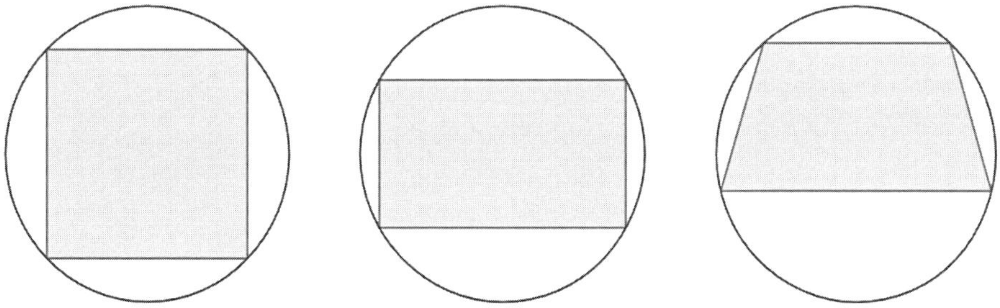

[그림 7.3] 정사각형, 직사각형, 등변사다리꼴의 외접원

잘 알고 있겠지만, [그림 7.3]에서처럼 정사각형, 직사각형, 등변사다리꼴의 외접원은 항상 존재한다. 그런데 정사각형이 아닌 마름모의 경우에는 외접원이 존재하지 않음을 직관적으로도 쉽게 알 수 있다. 직사각형이 아닌 평행사변형도, 등변사다리꼴이 아닌 사다리꼴도 그렇다. 그렇다면 어떤 사각형에 외접원이 존재할까?

[그림 7.4] 정사각형이 아닌 마름모의 경우

일반적인 사각형의 경우, 물론 볼록사각형의 경우에 한정하지만, 그 사각형의 외접원이 존재하기 위한 어떤 조건이 우리에게 필요하다. 이 조건에 대하여 약 2500년 전에 Euclid는 그의 책 원론 3권에 있는 명제 22에서 다음과 같이 제시하고 있다.

▌정리 7.6▐ [Euclid's Theorem]

사각형의 외접원이 존재할 필요충분조건은 대각의 크기의 합이 π이다.

약 2500년 전, Euclid의 원론 등으로 그럴듯하게 포장을 했지만 사실 [정리 7.6]은 우리가 중학교에서 학습한 '원에 내접하는 사각형의 성질'에 대한 내용이다. 바로 생각이 나지 않을 수도 있겠지만, [그림 7.5]를 보면 '아!'의 경험을 할 수 있을 것이다.

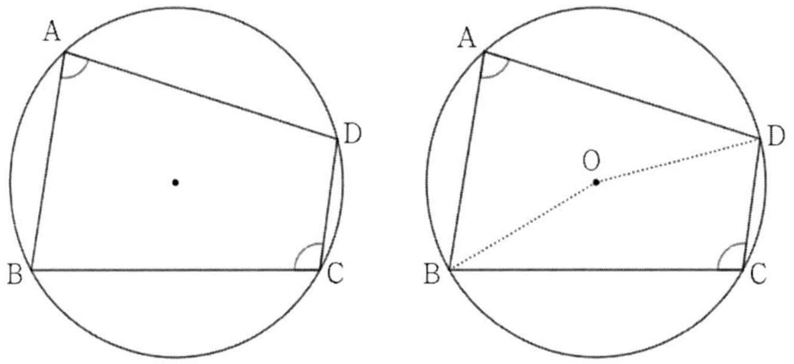

[그림 7.5] 대각의 크기의 합이 π의 경우

[정리 7.6]은 사각형 ABCD에서 $\angle A + \angle C = \pi$이면 사각형 ABCD의 외접원이 존재하고, 사각형 ABCD의 외접원이 존재하면 $\angle A + \angle C = \pi$임을 의미한다. 원주각과 중심각의 크기를 이용하면 쉽게 증명할 수 있다. 이제 우리는 [그림 7.3]에서 제시한 정사각형, 직사각형, 등변사다리꼴이 외접원을 가지는 즉, 정사각형, 직사각형, 등변사다리꼴이 내접사각형인 이유도 설명할 수 있다.

외접원이 존재할 필요충분조건에 대한 것으로 [정리 7.7]도 있지만, 이 교재의 주제와는 자꾸만 다른 길로 가는듯해 이 정리는 증명 없이 [그림 7.6]으로 소개하는 것으로만 하겠다.

▌정리 7.7▐ 사각형의 외접원이 존재할 필요충분조건은 사각형의 한 변과 대각선이 이루는 각의 크기와 그 변의 대변과 다른 대각선이 이루는 각의 크기가 같다.

[정리 7.7]은 [그림 7.6]으로 예를 들면, $\angle ABD = \angle ACD$ 임을 나타낸다. 글로 표현을 했기 때문에 어려운 듯 보일 수도 있지만, 그림을 잘 살펴보면 '아~ 이것'이라는 생각이 들 것이다. 변 AD를 중심으로 잘 보라. 이유가 보인다.

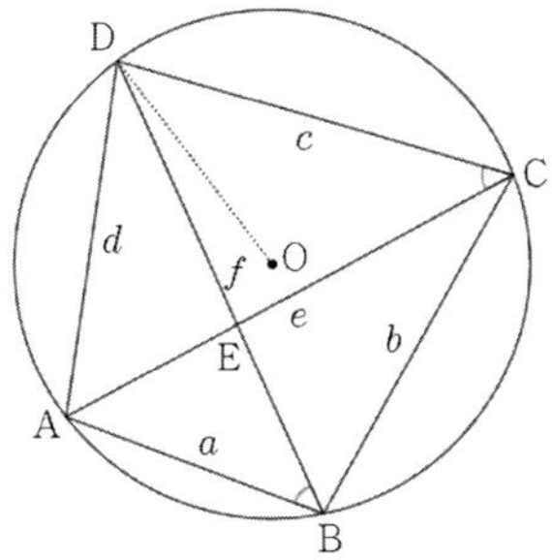

[그림 7.6] 내접사각형

고대 그리스의 수학자 Claudius Ptolemy(100?-170?)는 내접사각형에 대한 아주 유명한 결과를 우리에게 남겼다. 이 정리는 우리나라의 학교 교육과정에서는 배우지 않는 내용이지만 '톨레미의 정리'라고 많이 알려져 있는 내용이다.

▌정리 7.8▐ [Ptolemy's Theorem] 원에 내접하는 사각형 ABCD에 대하여

$$\overline{AC} \cdot \overline{BD} = \overline{AD} \cdot \overline{BC} + \overline{AB} \cdot \overline{CD}$$

이 성립한다.

$\overline{AB} = a$, $\overline{BC} = b$, $\overline{CD} = c$, $\overline{DA} = d$라 하자. cosine법칙과 [정리 7.6]으로부터

$$\overline{BD}^2 = b^2 + c^2 - 2bc\cos C, \qquad \overline{BD}^2 = a^2 + d^2 + 2ad\cos C$$

이다. 여기서 $\cos C$를 소거하면

$$(ad + bc)\overline{BD}^2 = (ab + cd)(ac + bd)$$

를 얻는다. 같은 방법으로 $\overline{AC}$에 관하여 정리하면

$$(ab + cd)\overline{AC}^2 = (ad + bc)(ac + bd)$$

를 얻는다. 이 두 식을 곱하여 정리하면 다음을 얻을 수 있다.

$$\overline{AC} \cdot \overline{BD} = ac + bd$$

[정리 7.8]은 닮음 성질을 사용하면 중학생들도 쉽게 증명할 수 있지만, 이 교재에서는 cosine법칙의 강력함을 느낄 수 있도록 이를 사용하여 증명하였다. 이 Ptolemy의 정리는 그 역도 성립한다. 즉, 사각형 ABCD에서 $\overline{\mathrm{AC}} \cdot \overline{\mathrm{BD}} = \overline{\mathrm{AD}} \cdot \overline{\mathrm{BC}} + \overline{\mathrm{AB}} \cdot \overline{\mathrm{CD}}$가 성립하면 이 사각형은 내접사각형이다.

인도의 수학자 중 가장 널리 알려진 Brahmagupta는 650년경에 출판한 그의 책에서 원에 내접하는 사각형의 네 변의 길이를 알면 그 사각형의 넓이를 알 수 있는 너무나도 멋진 공식을 세상에 내어 놓았다. 이 공식은 그의 이름을 따서 '**브라마굽타의 공식**'이라고 부른다.

▌정리 7.9▐ [Brahmagupta's formula] 원에 내접하는 사각형 ABCD의 각 변의 길이를 a, b, c, d라 하면, 사각형 ABCD의 넓이 S는

$$\mathrm{S} = \sqrt{(s-a)(s-b)(s-c)(s-d)}$$

이다. 단 $2s = a+b+c+d$이다.

임의의 사각형 ABCD에 대한 Bretschneider의 공식은

$$\mathrm{S} = \sqrt{(s-a)(s-b)(s-c)(s-d) - abcd \cdot \cos^2\left(\frac{\mathrm{A}+\mathrm{C}}{2}\right)}$$

이다. Brahmagupta는 Bretschneider의 조건에 사각형이 원에 내접한다는 조건을 추가했기 때문에 $\angle \mathrm{A} + \angle \mathrm{C} = \pi$이다. 따라서 다음을 얻을 수 있다.

$$\mathrm{S} = \sqrt{(s-a)(s-b)(s-c)(s-d)}$$

■

삼각형을 사각형의 특수한 꼴이라 생각하여 $d=0$이라고 하면 간단하게 Heron의 공식이 나온다. 정말 놀랍고도 깔끔한 공식이다.

만약 원에 내접하는 사각형 ABCD에서 한 내각의 크기 즉, $\angle \mathrm{A} = \alpha$가 주어졌다면 더욱 간단한 다음의 넓이 공식을 유도할 수 있다.

$$\mathrm{S} = \frac{1}{2}(ad\sin\mathrm{A} + bc\sin(\pi - \mathrm{A})) = \frac{1}{2}(ad+bc)\sin\mathrm{A}$$

외접원의 반지름의 길이 R에 대한 여러 공식도 존재하지만 대표적인(?) 공식 하나만 소개하는데 그치기로 하자. [정리 7.10]은 인도의 수학자 V. Parameshvara가 15세기경에 유도한 식이다.

❙ 정리 7.10 ❙ [Parameshvara's formula] 원에 내접하는 사각형 ABCD 의 각 변의 길이를 a, b, c, d라 하면, 외접원의 반지름의 길이 R은 다음과 같다.

$$R = \frac{1}{4}\sqrt{\frac{(ab+cd)(ac+bd)(ad+bc)}{(s-a)(s-b)(s-c)(s-d)}}$$

사각형의 넓이를 S라 하고, [정리 7.10] Parameshvara의 공식을 Brahmagupta의 공식을 이용하여 다시 표현하면

$$R = \frac{1}{4S}\sqrt{(ab+cd)(ac+bd)(ad+bc)}$$

이다. 공식들의 풍년이다. 선택은 여러분의 몫이다.

아래의 [문제 7.11]을 통하여 지금까지 학습한 내용을 정리해보도록 하자.

문제 7.11 ❙ 원에 내접하는 사각형 ABCD의 네 변의 길이가 [그림 7.7]과 같을 때, 다음의 값을 구하시오.

(1) $\angle A$ 의 크기 (2) 외접원의 반지름의 길이

(3) 사각형 ABCD 의 넓이 (4) $\overline{AC}$ 의 길이

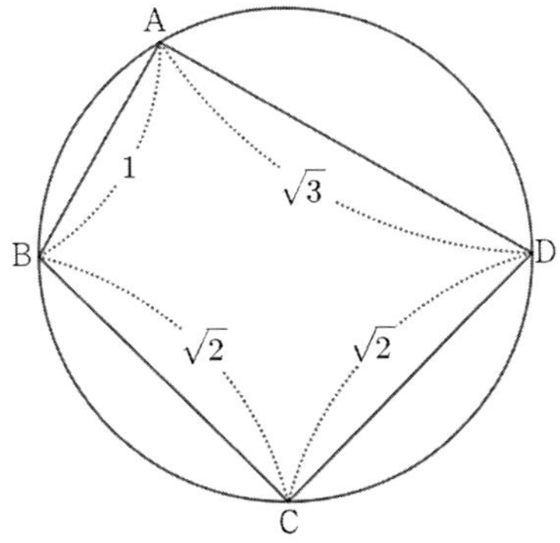

[그림 7.7]

3. 외접사각형의 넓이

외접사각형(外接四角形, tangential quadrilateral, circumscribed quadrilateral)란 사각형의 모든 변이 하나의 원에 접하는 사각형을 말한다. 이때 이 원을 사각형의 내접원이라 부르고, 내접원의 중심을 **내심**(incenter)이라 한다. 앞에서와 같이 원의 입장에서 보면 사각형이 원에 외접하고 있기 때문에 이 사각형을 외접사각형이라 부르는 것이고, 사각형의 입장에서 보면 원이 사각형에 내접하고 있기 때문에 내접원이라 부른다고 생각하면 이해하기가 쉬울 것이다.

우리나라의 교육과정은 따로 제시하고 있지 않지만, 재미있는 성질을 가진 도형을 먼저 소개하자. 연의 모양을 한 도형으로 이름도 **연꼴**이고, 영어 이름도 kite이다. 연꼴이란 각 변이 이웃한 두 변 중 적어도 한 변의 길이와 같은 사각형을 말한다. 따라서 네 변의 길이가 같은 사각형인 마름모도 연꼴이다. 연꼴은 마름모이므로 두 대각선은 [그림 7.8]에서처럼 항상 서로 수직이고, 한 대각선은 다른 대각선을 수직이등분하는 성질을 가진 도형이다. 넓이도 두 대각선의 길이만 알면 배적변형을 통하여 쉽게 유도할 수 있다. 게다가 연꼴은 내접원을 가지므로 외접사각형이다.

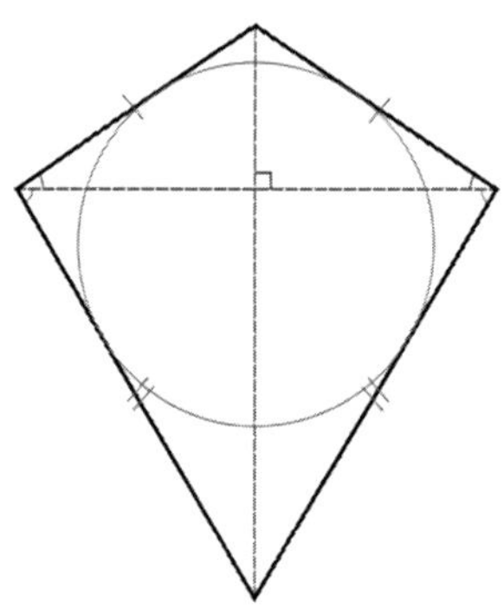

[그림 7.8] kite

6강에서 공부하였듯이 어떤 모양의 삼각형이라도 내접원이 항상 존재하였지만, 사각형의 경우에는 항상 존재하는 것이 아니다. 내접원의 경우 예를 들어 정사각형, 연꼴은 항상 존재하지만, 정사각형이 아닌 직사각형의 경우에는 직관적으로도 내접원이 존재하지 않음을 쉽게 알 수 있다. 따라서 사각형의 경우에는 내접원이 존재할 어떤 조건도 필요하다. 이 조건에 대하여 먼저 살펴보기로 하자.

내접사각형에서 네 각의 이등분선들은 내접원의 중심에서 만난다. 이 사실은 가장 잘 알려진 것이다. 그 역도 성립한다. 즉, 사각형에서 네 각의 이등분선이 한 점에서 만나면 이 사각형은 내접사각형이고, 그 교점이 내접원의 중심이다.

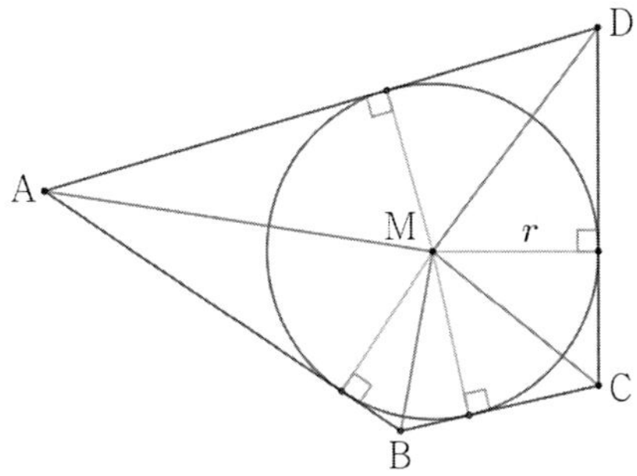

[그림 7.9] 사각형의 내심

▌정리 7.12▐ [Pitot & Steiner's Theorem]

사각형 ABCD 의 내접원이 존재할 필요충분조건은 $\overline{AB}+\overline{CD}=\overline{AD}+\overline{BC}$ 이다.

즉, 내접원이 존재할 필요충분조건은 마주보는 두 쌍의 대변의 길이의 합이 서로 같은 것이다. 이 정리는 원 밖의 한 점에서 원까지의 두 접선의 선분이 같은 길이를 갖는다는 여러분 모두가 잘 아는 사실의 결과이다. [그림 7.10]에서처럼 원에 외접하는 사각형과 그 내접원을 생각하면. 사각형의 둘레는 4쌍의 길이가 같은 선분으로 구성되어 있다. 이 정리는 프랑스의 공학자 H. Pitot가 1725년에 필요조건을 증명하였고, 스위스의 수학자 J. Steiner가 1846년에 충분조건을 증명하였다.

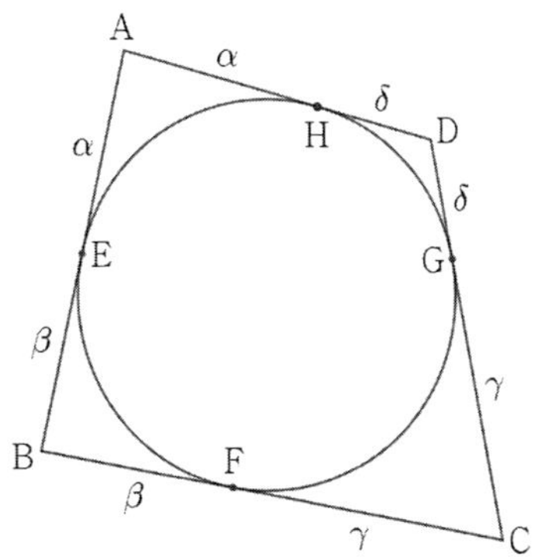

[그림 7.10] 외접사각형

이제 외접사각형의 넓이와 내접원의 반지름의 길이를 생각해보자. 사각형 ABCD의 각 변의 길이를 a, b, c, d라 하면 [정리 7.12]에 의하여

$$a+c=b+d=\frac{a+b+c+d}{2}=s$$

임을 알 수 있다. 여기서 r을 사각형 ABCD의 내접원의 반지름의 길이라 하고, 사각형의 넓이 S를 구하면

$$\mathrm{S}=\frac{1}{2}ar+\frac{1}{2}br+\frac{1}{2}cr+\frac{1}{2}dr=\frac{(a+b+c+d)r}{2}=sr=(a+c)r=(b+d)r$$

이다. 또한 내접사각형의 두 대각선의 길이를 e, f라 하면 다음도 얻을 수 있다.

$$\mathrm{S}=\frac{1}{2}\sqrt{e^2f^2-(ac-bd)^2}.$$

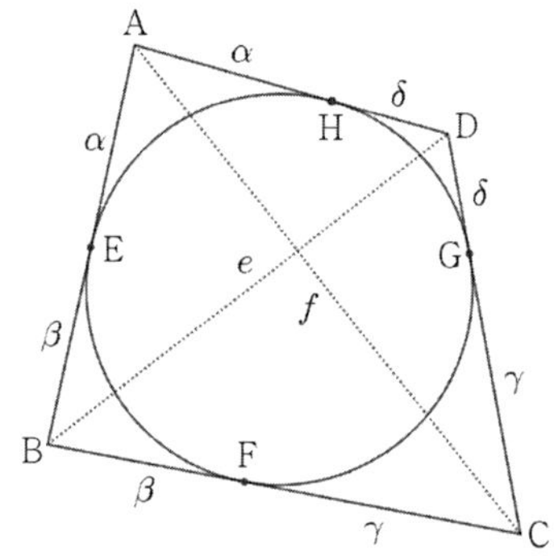

[그림 7.11] 외접사각형

그리고 [그림 7.11]에서처럼 α, β, γ, δ를 안다면 다음도 유도할 수 있다.

$$\mathrm{S}=\sqrt{(\alpha+\beta+\gamma+\delta)(\alpha\beta\gamma+\beta\gamma\delta+\gamma\delta\alpha+\delta\alpha\beta)}.$$

한편, 사각형 ABCD의 내접원의 반지름의 길이 r은

$$r=\frac{\mathrm{S}}{s}=\frac{\mathrm{S}}{a+c}=\frac{\mathrm{S}}{b+d}=\frac{\mathrm{S}}{\alpha+\beta+\gamma+\delta}$$

이고, α, β, γ, δ를 사용하여 표현하면 다음과 같다.

$$r=\sqrt{\frac{\alpha\beta\gamma+\beta\gamma\delta+\gamma\delta\alpha+\delta\alpha\beta}{\alpha+\beta+\gamma+\delta}}$$

4. Bicentric Quadrilateral의 넓이

내접원과 외접원을 동시에 가지는 사각형을 영어로 Bicentric quadrilateral이라 부른다. 두(Bi-) 개의 중심(center)을 가지는 사각형이라 해석할 수 있을 것이다. 일본에서는 이를 쌍심(双心)사각형이라고 한다. 双心 즉, 내심과 외심을 동시에 가지는 사각형이란 뜻으로 해석할 수 있을 것이다. 우리말로 된 용어를 찾으려 대한민국 수학자들의 모임 '대한수학회'의 공식 사이트에서 제공하는 수학학술용어집을 살펴보았으나 기재가 되어 있지 않았다. 결국 저자도 이 사각형을 우리말로 무엇이라 부르는지 모른다는 소리이다. 영어로 된 모든 수학 용어를 우리말로 번역할 필요는 없다고 생각한다. 실제로 지금까지의 내용에서도 inradius, circumradius 등의 용어는 사용하지 않았다. radius가 반지름을 뜻하므로 내접원의 반지름, 외접원의 반지름으로 생각하면 된다. 하지만 bicentric 사각형은 조금 아쉽다. 양심(兩心)사각형? 각설하고.

마지막으로 내접원과 외접원을 동시에 가지는 사각형 ABCD를 생각해보자.

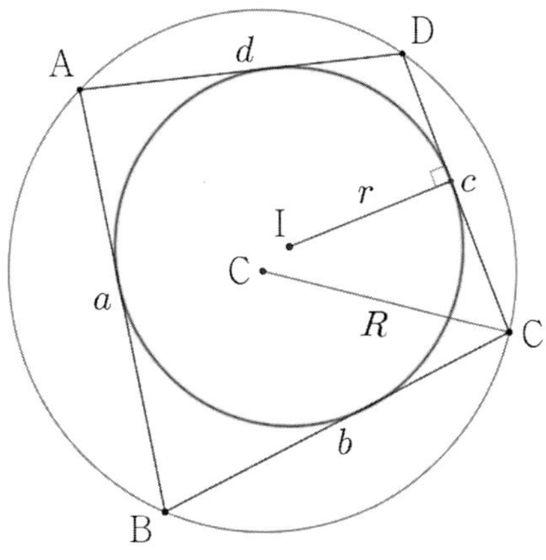

[그림 7.12] Bicentric 사각형

일반적으로 수학에서는 조건이 강력하면 강력할수록 깨끗하고 깔끔한 식들이 유도된다. 지금의 경우에도 강력한 조건 즉, 외접원과 내접원을 동시에 가지고 있다는 조건이 있다. 각 변의 길이를 a, b, c, d라 하고, 이 조건을 적으면

$$\angle \mathrm{A} + \angle \mathrm{C} = \angle \mathrm{B} + \angle \mathrm{D} = \pi, \qquad a+c=b+d=s$$

이다. 이 조건으로부터 $(s-a)(s-b)(s-c)(s-d)=abcd$임을 알 수 있다.

따라서 사각형 ABCD 의 넓이 S는 Brahmagupta의 공식에서 곧바로

$$S = \sqrt{abcd}$$

임이 유도된다. 그리고 외접원의 반지름의 길이 R은 Parameshvara의 공식에서

$$R = \frac{1}{4}\sqrt{\frac{(ab+cd)(ac+bd)(ad+bc)}{abcd}}$$

임이 유도되고, 내접원의 반지름의 길이 r도

$$r = \frac{2\sqrt{abcd}}{a+b+c+d} = \frac{\sqrt{abcd}}{a+c} = \frac{\sqrt{abcd}}{b+d}$$

임이 쉽게 유도된다.

▌정리 7.13▐ [Fuss'Theorem] 임의의 Bicentric 사각형에 대하여 외접원과 내접원의 반지름의 길이를 각각 R, r이라 하고, 내심과 외심 사이의 거리를 x라 할 때, 다음이 성립한다.

$$\frac{1}{(R-x)^2} + \frac{1}{(R+x)^2} = \frac{1}{r^2}$$

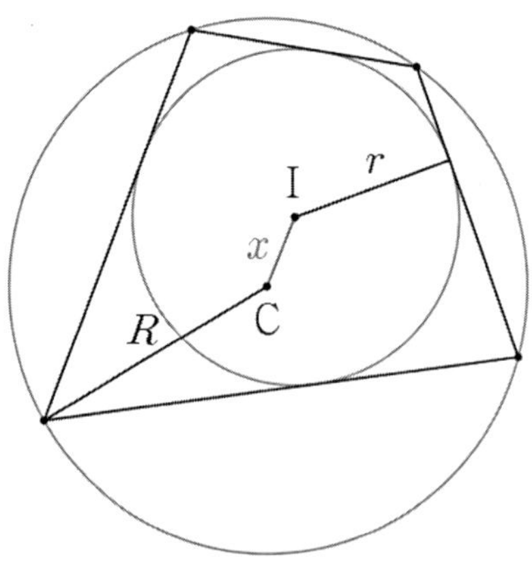

[그림 7.13] 내심과 외심 사이의 거리

위 식을 x에 대하여 풀면 다음과 같다. 간단한 이차방정식의 풀이이다.

$$x = \sqrt{R^2 + r^2 - r\sqrt{4R^2 + r^2}}$$

5. Doodle-교사가 잘 알면 더 쉽게 가르칠 수 있다.

우리는 [정리 7.8] Ptolemy의 정리를 증명하는 과정에서 cosine법칙을 사용하여 사각형의 대각선의 길이를 구하였다.

$$e = \overline{\mathrm{AC}} = \sqrt{\frac{(ad+bc)(ac+bd)}{ab+cd}}, \qquad f = \overline{\mathrm{BD}} = \sqrt{\frac{(ab+cd)(ac+bd)}{ad+bc}}$$

따라서 간단하게 $\frac{e}{f} = \frac{ad+bc}{ab+cd}$ 도 유도할 수 있다.

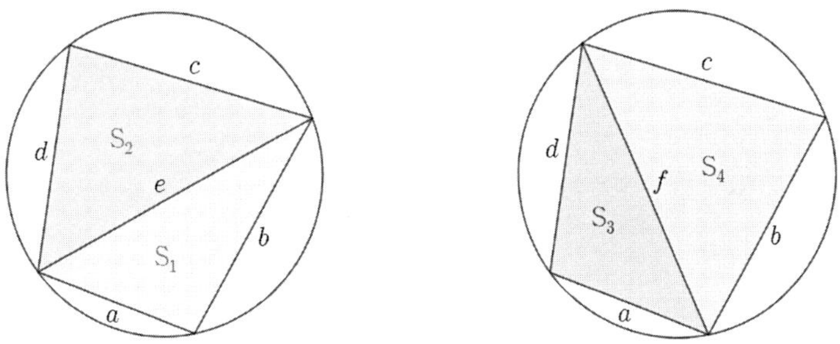

[그림 7.14] 사각형의 삼각형 분할

한편, 사각형을 [그림 7.14]와 같이 두 삼각형으로 분할하고, 외접원의 반지름의 길이를 R이라 하면 사각형의 넓이 S는 다음과 같이 생각할 수 있다.

$$\mathrm{S} = \mathrm{S}_1 + \mathrm{S}_2 = \frac{e\,ab}{4R} + \frac{e\,cd}{4R} = \frac{e\,(ab+cd)}{4R},$$

$$\mathrm{S} = \mathrm{S}_3 + \mathrm{S}_4 = \frac{f\,ad}{4R} + \frac{f\,bc}{4R} = \frac{f\,(ad+bc)}{4R}$$

이다. 우리는 금방 새로운 공식을 만들었다. $e\,(ab+cd) = f\,(ad+bc)$인 두 대각선의 관계식은 덤이다. 또 있다. Ptolemy의 정리에 따르면 $ef = ac+bd$이므로

$$e^2 = ef \cdot \frac{e}{f} = \frac{(ac+bd)(ad+bc)}{ab+cd}, \quad f^2 = ef \cdot \frac{f}{e} = \frac{(ac+bd)(ab+cd)}{ad+bc}$$

이다. 게다가 다음도 알 수 있다.

$$\mathrm{S}^2 = \frac{ef\,(ab+cd)(ad+bc)}{(4R)^2} = \frac{(ac+b)(ab+cd)(ad+bc)}{(4R)^2}$$

▶▶ 연습문제 7

1. 등변사다리꼴에서 두 대각선이 이루는 각의 크기가 $120°$ 이고, 넓이가 $\sqrt{3}$ 일 때 대각선의 길이를 구하시오.

2. 두 대각선의 길이가 a, b 이고, 두 대각선이 이루는 각의 크기가 θ 인 사각형이 있다. 이 사각형의 넓이 S를 평행사변형으로의 배적변형을 통해 구하시오.

3. 사각형 ABCD 에서 $\overline{AB}=7$, $\overline{BC}=8$, $\overline{CD}=9$, $\overline{DA}=10$, $\angle B=120°$ 이다. 이 사각형의 넓이를 구하시오.

4. 원에 내접하는 사각형 ABCD 에서 $\overline{AB}=5$, $\overline{BC}=3$, $\overline{CD}=2$, $\angle B=60°$ 일 때, 선분 $\overline{AD}$ 의 길이는?

5. 원에 내접하는 사각형 ABCD 에서 $\overline{AB}=8$, $\overline{BC}=5$, $\overline{CD}=5$, $\overline{DA}=3$ 일 때 다음의 값을 구하시오.

   (1) $\overline{AC}$ 의 길이　　(2) $\overline{BD}$ 의 길이　　(3) 사각형 ABCD 의 넓이

6. 그림과 같이 $\overline{AB}=\overline{BC}=\overline{CD}=a$(일정), $\angle ABC=\angle BCD$ 인 등변사다리꼴의 넓이가 최대가 되는 경우의 $\angle ABC$ 의 크기를 구하시오.

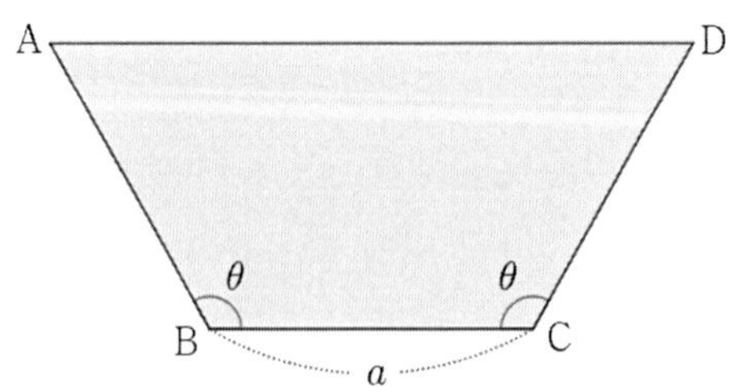

7. 원에 내접하는 사각형의 대각의 크기의 합은 $180°$ 이다. 이 명제의 역이 성립하는지 살펴보시오.

8. [그림 1.15]와 같이 중심이 O 이고, 반지름의 길이가 1 인 원 O′ 위의 한 점 A 를 중심으로 하는 원이 원 O′의 지름 AA′과 만나는 점을 R, 원 O′과의 교점을 P, Q 라 할 때, 사각형 APRQ 의 넓이의 최댓값을 구하시오.

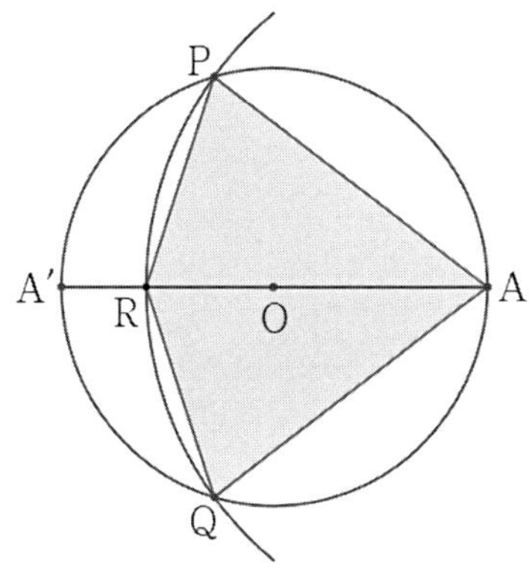

[그림 7.15]

제 8 강 다각형의 넓이

1. Shoelace formula

삼각형 ABC의 꼭짓점의 좌표 $A(x_1, y_1)$, $B(x_2, y_2)$, $C(x_3, y_3)$가 주어졌다고 하자. 고등학교 1학년 수학에서 배우는 내용 중에 '두 점 사이의 거리', '두 점을 지나는 직선의 방정식'과 '한 점과 직선 사이의 거리'가 있다. 이 내용들을 잘 숙지하고 있으면 삼각형의 넓이 구하는 공식을 여러분들도 만들 수 있다. 물론 세 꼭짓점의 좌표가 주어졌기 때문에 '두 점 사이의 거리'를 활용하여 각 변의 길이를 알면, Heron의 공식으로 삼각형의 넓이를 구할 수 있다. 그러나 우리는 삼각형의 넓이를 구하는 것이 목적이 아니고, 공식 속에 숨어있는 아이디어를 공부하는 것이 목적이다.

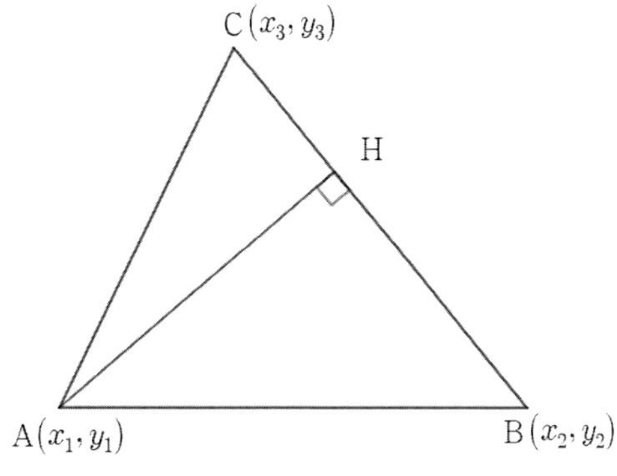

[그림 8.1]

[그림 8.1]에서처럼 삼각형 ABC의 꼭짓점의 좌표 $A(x_1, y_1)$, $B(x_2, y_2)$, $C(x_3, y_3)$가 주어졌다고 하자. 그리고 꼭짓점 $A(x_1, y_1)$에서 변 BC에 내린 수선의 발을 H라 하자. 이때 선분 BC의 길이는

$$\overline{BC} = \sqrt{(x_3 - x_2)^2 + (y_3 - y_2)^2}$$

이다. 그리고 두 점 B, C를 지나는 직선의 방정식을 일반형으로 표현하면

$$(y_3 - y_2)x - (x_3 - x_2)y - (x_2y_3 - x_3y_2) = 0$$

이다. 따라서 선분 OH의 길이는

$$\overline{\mathrm{AH}} = \frac{|(y_3-y_2)x_1-(x_3-x_2)y_1-x_2y_3+x_3y_2|}{\sqrt{(y_3-y_2)^2+(x_3-x_2)^2}}$$
$$= \frac{|x_1y_2+x_2y_3+x_3y_1-x_2y_1-x_3y_3-x_1y_3|}{\sqrt{(y_3-y_2)^2+(x_3-x_2)^2}}$$

이다. 그러므로 삼각형 ABC 의 넓이 S는

$$\mathrm{S} = \frac{1}{2}\cdot\overline{\mathrm{BC}}\cdot\overline{\mathrm{AH}}$$
$$= \frac{1}{2}\cdot\sqrt{(x_3-x_2)^2+(y_3-y_2)^2}\cdot\frac{|x_1y_2+x_2y_3+x_3y_1-x_2y_1-x_3y_3-x_1y_3|}{\sqrt{(y_3-y_2)^2+(x_3-x_2)^2}}$$
$$= \frac{1}{2}|x_1y_2+x_2y_3+x_3y_1-x_2y_1-x_3y_3-x_1y_3|$$

임을 알 수 있다.

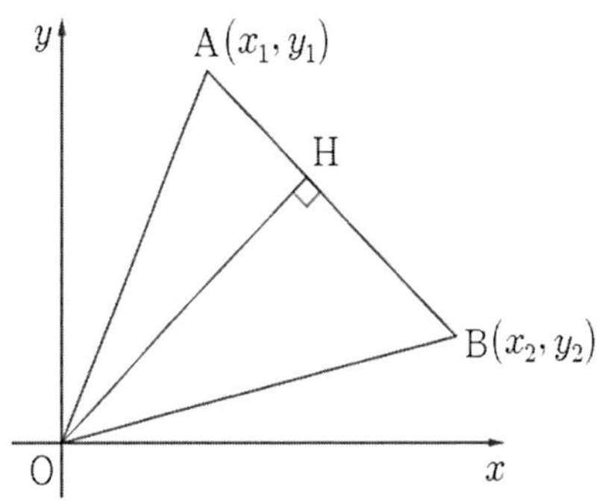

[그림 8.2]

[그림 8.2]에서처럼 적당히 평행이동을 시켜 세 꼭짓점 중 하나를 원점에 올 수 있도록 하면 귀찮은 계산을 조금은 피할 수 있다. 즉, 삼각형 ABC 를 평행이동한 후에 C(x_3, y_3)의 좌표가 O$(0,0)$이 되었다고 가정하면, 삼각형 OAB 의 넓이 S는

$$\mathrm{S} = \frac{1}{2}|x_1y_2-x_2y_1|$$

임을 알 수 있다. 고등학교 수학 참고서적들 대부분 이 내용은 공식으로 제시하고 있는 것으로 보이기 때문에 아마 고등학교 때 학습한 학생들도 있을 것이다. 그런데 이 공식을 아는 학생에게 어떻게 유도되는지를 물으면 사실 잘 모른다는 대답이 많이 돌아온다. 공식만 암기하여 문제 풀이만 했다는 방증일 수도 있겠다.

삼각형 ABC 의 꼭짓점의 각 좌표 $\mathrm{A}(x_1, y_1)$, $\mathrm{B}(x_2, y_2)$, $\mathrm{C}(x_3, y_3)$가 주어졌을 때 삼각형 ABC 의 넓이 공식은

$$\mathrm{S} = \frac{1}{2}\left| x_1y_2 + x_2y_3 + x_3y_1 - x_2y_1 - x_3y_2 - x_1y_3 \right|$$

이다. 이 공식을 알아두면 많이 편할 것도 같은데 첨자들 때문에 조금은 불편하게 보인다. 아이디어를 하나 내어보자.

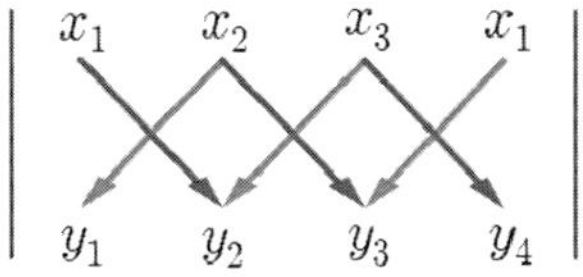

[그림 8.3] 사선으로 계산?

[그림 8.3]의 계산 방법을

오른쪽 아래 방향으로의 화살표는 두 수를 곱해서 더하고,

왼쪽 아래 방향으로의 화살표는 두 수를 곱해서 빼는 것

으로 약속한다면 조금 불편했던 식을 암기하지 않아도 쉽게 얻을 수 있다.

사선(斜線)으로 계산을 해서인지 이를 우리나라에서는 **사선식**으로 부르는 듯하다. 외국에서는 이를 Shoelace formula 또는 Shoelace algorithm이라고 부른다. 계산 방법이 꼭 운동화의 끈을 끼우는 방법과 비슷하기 때문이다. [그림 8.4]를 보면 왜 이런 이름으로 불리는지 알 수 있을 것 같다. 그럴듯하다. 우리와 다른(?) 점은 좌표의 위치를 가로로 두느냐, 세로로 두느냐의 차이뿐이다.

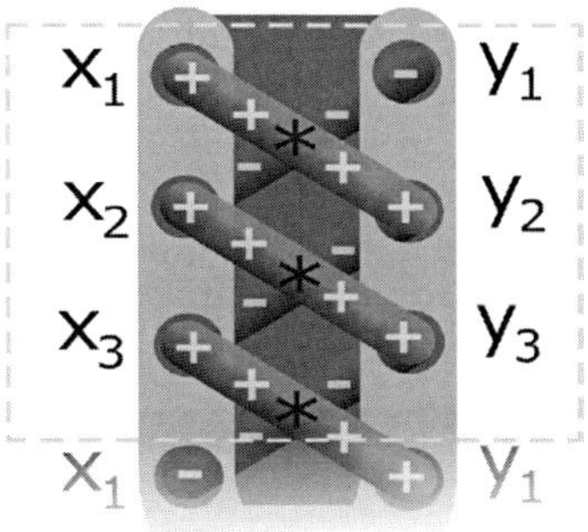

[그림 8.4] Shoelace formula

다시 돌아가서, 세 꼭짓점의 좌표를 $A(x_1, y_1)$, $B(x_2, y_2)$, $C(x_3, y_3)$이라하면, 삼각형 ABC의 넓이 S는

$$S = \frac{1}{2}\left| x_1y_2 + x_2y_3 + x_3y_1 - x_2y_1 - x_3y_2 - x_1y_3 \right|$$

이었다. [그림 8.5]를 이용해 이 식의 의미를 조금 더 깊이 살펴보자.

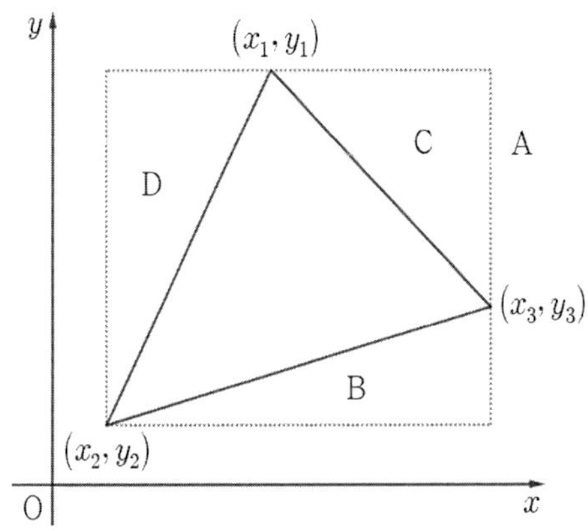

[그림 8.5] Shoelace formula의 적용

[그림 8.5]에서처럼 구하고자 하는 삼각형의 넓이를 S라 하고, 세 꼭짓점의 좌표를 (x_1, y_1), (x_2, y_2), (x_3, y_3)라 하자. 이때 직사각형의 넓이를 A라 하면

$$A = (x_3 - x_2)(y_1 - y_2) = (x_3y_1 + x_2y_2) - (x_3y_2 + x_2y_1)$$

이다. 그리고 각 삼각형의 넓이는

$$B = \frac{1}{2}(x_3 - x_2)(y_3 - y_2) = \frac{1}{2}(x_3y_3 + x_2y_2) - \frac{1}{2}(x_3y_2 + x_2y_3)$$

$$C = \frac{1}{2}(x_3 - x_1)(y_1 - y_3) = \frac{1}{2}(x_3y_1 + x_1y_3) - \frac{1}{2}(x_3y_3 + x_1y_1)$$

$$D = \frac{1}{2}(x_1 - x_2)(y_1 - y_2) = \frac{1}{2}(x_1y_1 + x_2y_2) - \frac{1}{2}(x_1y_2 + x_2y_1)$$

이므로 $S = A - B - C - D$에 의해

$$S = \frac{1}{2}(x_1y_2 + x_2y_3 + x_3y_1 - x_2y_1 - x_3y_2 - x_1y_3)$$

이다. 한편, 좌표의 순서를 시계방향으로 잡으면 삼각형의 넓이 S는

$$\mathrm{S} = \frac{1}{2}\begin{vmatrix} x_1 & x_3 & x_2 & x_1 \\ y_1 & y_3 & y_2 & y_1 \end{vmatrix}$$

$$= \frac{1}{2}\left| -(x_1y_2 + x_2y_3 + x_3y_1 - x_2y_1 - x_3y_2 - x_1y_3) \right|$$

이다. 즉 절댓값의 내부가 음이 된다. 물론 이 값의 절댓값이기 때문에 삼각형의 넓이에는 변함이 없다. 따라서 꼭짓점 좌표의 선택 순서를 반시계방향으로 잡으면 사실 Shoelace formula의 절댓값 기호는 생략해도 된다. 간단한 직각삼각형을 통해 좌표의 선택 순서를 시계방향과 반시계방향으로 잡고 확인해 보기를 권한다.

예제 8.1 ▌ 삼각형 ABC의 세 꼭짓점의 좌표가 A(1, 3), B(3, 5), C(6, 2)일 때, 삼각형 ABC의 넓이 S를 구하시오.

[풀이] $\mathrm{S} = \frac{1}{2}\begin{vmatrix} 1 & 3 & 6 & 1 \\ 3 & 5 & 2 & 3 \end{vmatrix} = \frac{1}{2}\left| 5+6+18-9-30-2 \right| = \frac{1}{2}\left| -12 \right| = 6$

$\mathrm{S} = \frac{1}{2}\begin{vmatrix} 1 & 6 & 3 & 1 \\ 3 & 2 & 5 & 3 \end{vmatrix} = \frac{1}{2}\left| 2+30+9-18-6-5 \right| = 6$

[그림 8.6]을 이용하여 사각형의 Shoelace formula를 유도해 보자. 이 아이디어를 잘 생각하면 다각형을 임의의 삼각형으로 분할하는 것에 의해 Shoelace formula가 어떻게 다각형으로 일반화되는지를 알 수 있게 해 준다.

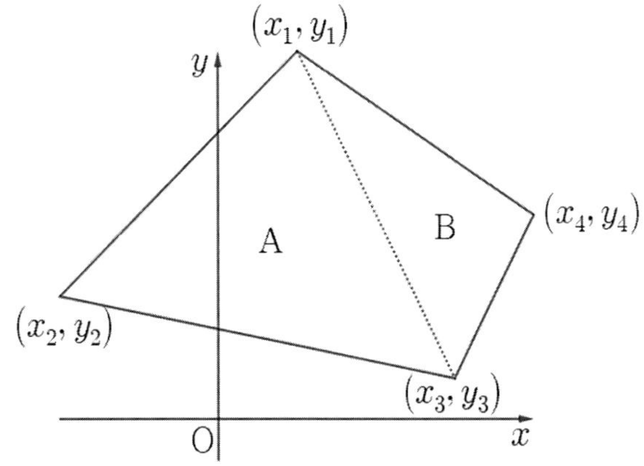

[그림 8.6] 사각형에 Shoelace formula 적용

[그림 8.6]에서처럼 사각형을 각각의 넓이가 A, B 인 두 삼각형으로 분할하자. 각각의 넓이를 Shoelace formula를 이용해 반시계방향으로 구해보면

$$\mathrm{A} = \frac{1}{2}(x_1y_2 + x_2y_3 + x_3y_1 - x_2y_1 - x_3y_2 - x_1y_3)$$

$$\mathrm{B} = \frac{1}{2}(x_1y_3 + x_3y_4 + x_4y_1 - x_3y_1 - x_4y_4 - x_1y_4)$$

이다. 반시계방향으로 Shoelace formula를 사용하였기 때문에 모두 양수임에 주의하자. 사각형의 넓이 S는 A+B 이므로 이를 계산하는 과정에서 A 의 마지막 +항과 마지막 −항이 B 의 첫 −항과 첫 +항 때문에 소거된다. 따라서 사각형의 넓이 S는

$$\mathrm{S} = \frac{1}{2}(x_1y_2 + x_2y_3 + x_3y_4 + x_4y_1 - x_2y_1 - x_3y_2 - x_4y_3 - x_1y_4)$$

임을 알 수 있다. 이 결과는 Shoelace formula를 사각형에 적용한

$$\begin{aligned}\mathrm{S} &= \frac{1}{2}\begin{vmatrix} x_1 & x_2 & x_3 & x_4 & x_1 \\ y_1 & y_2 & y_3 & y_4 & y_1 \end{vmatrix} \\ &= \frac{1}{2}\left| x_1y_2 + x_2y_3 + x_3y_1 + x_4y_1 - x_2y_1 - x_3y_2 - x_4y_3 - x_1y_4 \right|\end{aligned}$$

와 일치한다. 따라서 이제 우리는 사각형에도 Shoelace formula를 적용할 수 있다.

Shoelace formula가 일반적인 다각형에서도 성립한다는 사실을 아는 학생은 그다지 많지 않다. 일반적인 다각형에서의 Shoelace formula를 소개하면 다음과 같다.

n 각형의 각 꼭짓점의 좌표를 (x_1, y_1), (x_2, y_2), $\cdots$, (x_n, y_n) 이라하면 n 각형의 넓이 S는 다음과 같다. 단, $x_{n+1} = x_1$, $y_{n+1} = y_1$ 이다.

$$\mathrm{S} = \frac{1}{2}\left| \sum_{k=1}^{n}(x_k y_{k+1} - x_{k+1} y_k) \right|$$

이 식에 대한 증명은 이 교재에서는 다루지 않기로 한다. 이 식에 대한 증명 외에도 Shoelace formula는 우리에게 많은 아이디어를 제공하고 있기 때문이다.

교재에 따라서는 다음과 같은 n 각형의 Shoelace formula를 만날 수도 있다. 그러나 모두 다 같은 것이다. 이 경우에는 $y_0 = y_n$, $y_{n+1} = y_1$ 임에 유의하면 된다.

$$\mathrm{S} = \frac{1}{2}\left| \sum_{k=1}^{n} x_k(y_{k+1} - y_{k-1}) \right|$$

Shoelace formula를 [그림 8.7]에서 주어진 육각형의 넓이에 적용해 생각해 보자.

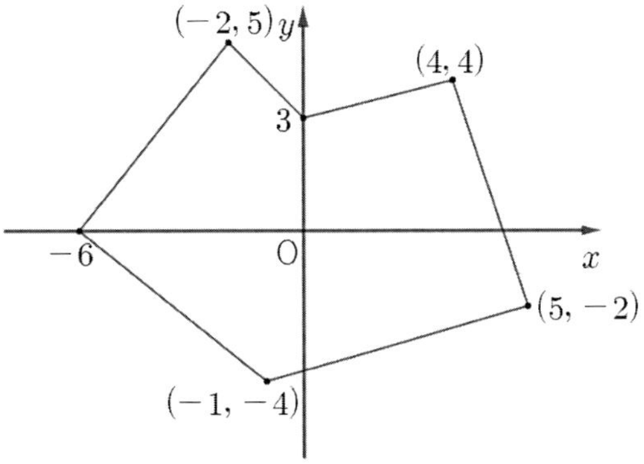

[그림 8.7] 좌표가 주어진 육각형

n 각형의 Shoelace formula를 이용하여 [그림 8.7]에서처럼 각 꼭짓점의 좌표가 주어진 육각형의 넓이는 다음과 같이 쉽게 구할 수 있을 것이다.

$$\mathrm{S} = \frac{1}{2}\begin{vmatrix} 4 & 0 & -2 & -6 & -1 & 5 & 4 \\ 4 & 3 & 5 & 0 & -4 & -2 & 4 \end{vmatrix}$$

$$= \frac{1}{2}[12+0+0+24+2+20-0-(-6)-(-30)-0-(-20)-(-8)]$$

$$= 61$$

예제 8.2 ❙ 아래 그림과 같은 팔각형의 넓이 S를 구하시오.

[풀이] $\mathrm{S}= \frac{1}{2}\begin{vmatrix} 1 & 3 & 1 & -3 & -1 & -2 & 0 & 2 & 1 \\ 3 & 2 & 4 & 3 & 1 & -1 & -2 & -1 & 3 \end{vmatrix} = \frac{1}{2} \cdot 36 = 18$

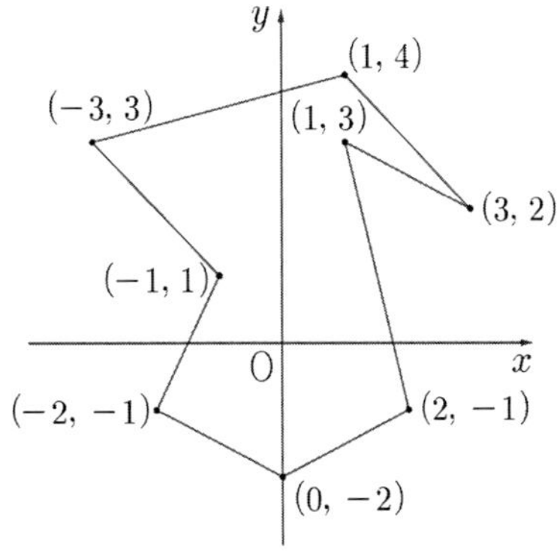

Shoelace formula의 기하학적 의미를 알기 위해 다음과 같이 생각해 보자.

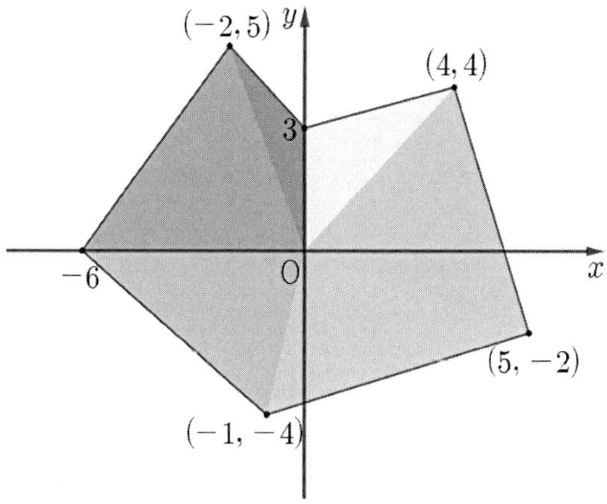

[그림 8.8] 육각형의 삼각형 분할

[그림 8.7]의 육각형을 [그림 8.8]에서처럼 주어진 인접한 두 꼭짓점과 원점 $(0, 0)$을 꼭짓점으로 하는 6개의 삼각형으로 분할하여 Shoelace formula의 의미를 살펴보자는 뜻이다.

먼저 $(0, 0), (4, 4), (0, 3)$을 세 꼭짓점으로 하는 삼각형의 넓이를 S_1이라 하면

$$S_1 = \frac{1}{2}\begin{vmatrix} 0 & 4 & 0 & 0 \\ 0 & 4 & 3 & 0 \end{vmatrix} = \frac{1}{2}(12-0) = 6$$

이다. 같은 방법으로 $(0, 0), (0, 3), (-2, 5)$를 세 꼭짓점으로 하는 삼각형의 넓이를 S_2라 하면

$$S_2 = \frac{1}{2}\begin{vmatrix} 0 & 0 & -2 & 0 \\ 0 & 3 & 5 & 0 \end{vmatrix} = \frac{1}{2}(0-(-6)) = 3$$

이다. 계속해서 같은 방법으로 우리는 나머지 삼각형의 넓이를 구할 수 있고, 마지막 $(0, 0), (5, -2), (4, 4)$를 세 꼭짓점으로 하는 삼각형의 넓이를 S_6이라 하면

$$S_6 = \frac{1}{2}\begin{vmatrix} 0 & 5 & 4 & 0 \\ 0 & -2 & 4 & 0 \end{vmatrix} = \frac{1}{2}(20-(-8)) = 14$$

이다. 따라서 6개로 분할된 각 삼각형의 넓이를 모두 더하여 정리를 하면 [그림 8.7]에서의 계산 결과와 같음을 알 수 있다.

앞에서 계산한 분할된 6개의 삼각형의 넓이 S_1, S_2, $\cdots$, S_6을 이용하여 Shoelace formula를 유도해 보도록 하자.

$$\begin{aligned}
S &= S_1 + S_2 + S_3 + S_4 + S_5 + S_6 \\
&= \frac{1}{2}[(12-0)+(0-(-6))+(0-(-30))+\ \cdots\ +(20-(-8))] \\
&= \frac{1}{2}[(12+0+0+24+2+20)-(0+(-6)+(-30)+0+(-20)+(-8))] \\
&= \frac{1}{2}\left|\begin{matrix} 4 & 0 & -2 & -6 & -1 & 5 & 4 \\ 4 & 3 & 5 & 0 & -4 & -2 & 4 \end{matrix}\right|
\end{aligned}$$

위의 계산에서 역방향으로 생각해 보면 처음 등호는 Shoelace formula의 적용이고, 그 다음 등호는 첫 + 항과 첫 – 항을, 둘째 + 항과 둘째 – 항 등으로 순서를 바꾸어 계산한 것으로 파악할 수 있다. 따라서 분할한 각 삼각형의 넓이를 구할 때 사용한 Shoelace formula의 절댓값 안을 잘 살펴보면 1행과 2행, 2행과 3행, …, 6행과 7행에 원점 $(0, 0)$을 추가하여 계산한 것을 바로 알 수 있을 것이다.

Shoelace formula만을 사용하며 한 번 더 표현하면 다음과 같다.

$$\begin{aligned}
S &= \frac{1}{2}\left|\begin{matrix} 4 & 0 & -2 & -6 & -1 & 5 & 4 \\ 4 & 3 & 5 & 0 & -4 & -2 & 4 \end{matrix}\right| \\
&= \frac{1}{2}\left|\begin{matrix} 0 & 4 & 0 & 0 \\ 0 & 4 & 3 & 0 \end{matrix}\right| + \frac{1}{2}\left|\begin{matrix} 0 & 0 & -2 & 0 \\ 0 & 3 & 5 & 0 \end{matrix}\right| + \cdots + \frac{1}{2}\left|\begin{matrix} 0 & 5 & 4 & 0 \\ 0 & -2 & 4 & 0 \end{matrix}\right| \\
&= S_1 + S_2 + \cdots + S_6 \\
&= S
\end{aligned}$$

이제 우리는 다각형을 삼각형으로 분할하는 것과 Shoelace formula와의 관계, 그리고 Shoelace formula가 어떻게 다각형으로 일반화되었는지도 알 수 있게 되었다. 참 멋진 공식이다. 이 공식을 때로는 Gauss's Area formula라고도 부른다. 수학천재라 불린 Gauss가 여기에도 그의 이름을 올리고 있다. 경외의 대상이다.

2. Pick의 정리

[그림 8.9]는 2015 개정 수학과 교육과정에 따른 초등학교 2학년 1학기 '여러 가지 도형' 단원의 한 장면이다.

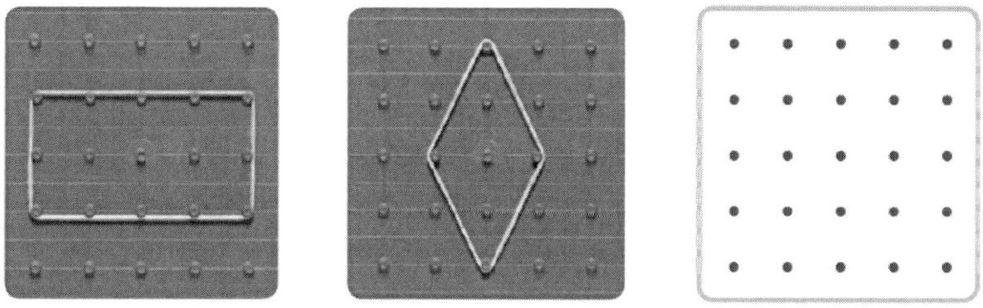

[그림 8.9] Geoboard 활용의 교과서 장면(교육과학기술부, 2017)

이 장면에서 사용되고 있는 교구(教具)의 이름은 **Geoboard**이다. 우리나라에서는 이를 **기하판**이라고 부른다. 여러분이 교사가 되면 수학 수업에서 많이 사용할 교구 중의 하나일 것이다.

Pick의 정리는 가로와 세로의 길이가 일정한 간격의 점으로 구성된 격자(格子) 위에 그려진 다각형의 넓이를 구하는 공식을 말한다. 그런데 Pick의 정리를 적용하기 위해서는 주어진 다각형에 다음과 같은 두 조건이 필요하다.

① 다각형의 꼭짓점은 모두 격자점에 있어야 한다.

② 다각형의 내부에 다른 도형이 없어야 한다.

[그림 8.10]에서는 가장 왼쪽에 있는 도형만이 적용 대상임을 알 수 있다.

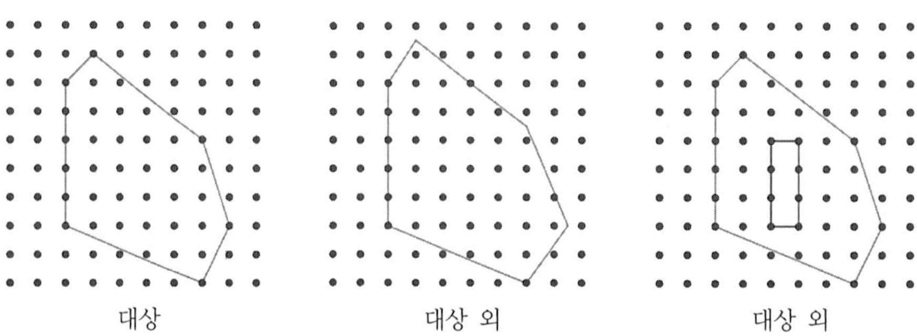

[그림 8.10] Pick의 정리의 대상 도형

▌정리 8.3▐ [Pick's theorem] 다각형의 내부에 있는 격자점의 개수를 I(interior), 다각형의 변에 있는 즉, 경계에 있는 격자점의 개수를 B(boundary)라 하면 다각형의 넓이 S는 다음의 식으로 구할 수 있다.

$$S = I + \frac{B}{2} - 1$$

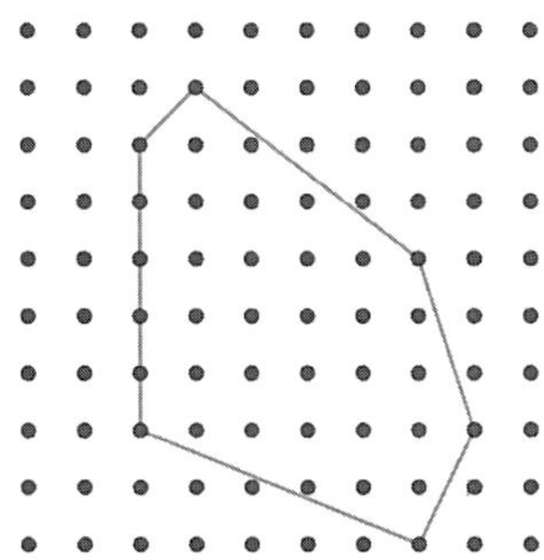

[그림 8.10]에서 주어진 도형의 넓이를 생각해보자. 만약 우리가 Pick의 정리를 모른다면 이 도형을 품고 있는 직사각형으로 만들어 이 직사각형의 넓이에서 외부의 다각형들의 넓이의 합을 빼면 구할 수 있다.

$$S = 48 - 5 - 1 - \frac{3}{2} - 3 - 6 - \frac{1}{2} = 31$$

조금 귀찮은 계산을 동반하지만 우리는 위와 같이 해결할 수 있을 것이다. 그렇다면 이제 이 도형의 넓이를 Pick의 정리로 해결해보도록 하자. 주어진 도형에서 내부에 있는 격자점의 개수는 $I = 27$, 경계에 있는 격자점의 개수는 $B = 10$ 이므로

$$S = I + \frac{B}{2} - 1 = 27 + 5 - 1 = 31$$

과 같이 간단하게 구할 수 있다.

초등학교에서도 사용될 수 있는, 그리고 초등학교 학생들도 사용할 수 있는 간단한 방법이지만 그 위력은 매우 강력함을 느낄 수 있을 것이다. 그러나 우리나라의 교육과정에서는 이 내용을 학습하지 않는다. 이 Pick의 정리는 1899년 오스트리아의 수학자 Georg A. Pick (1859-1942)에 의해 만들어졌다. 구하려는 도형이 격자 위에 놓여 있어야 한다는 조금의 단점(?)이 있지만, 아주 간단하고 멋진 강력한 결과임을 부인할 수 없다.

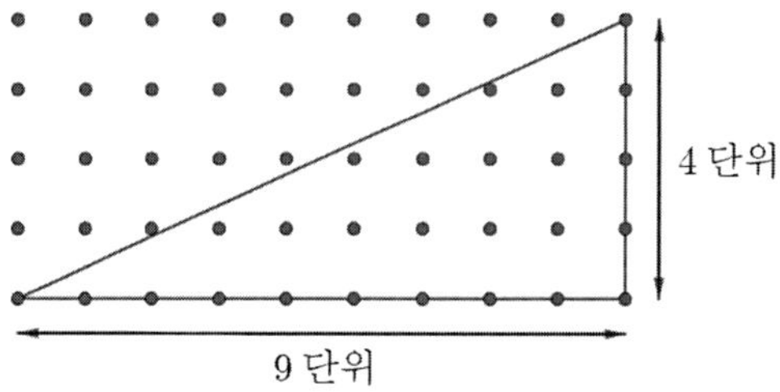

[그림 8.11] Pick의 정리에서 격자의 길이

우리가 Pick의 정리를 설명하면서 일정한 간격의 점으로 구성된 격자의 길이에 대하여 단위를 제시하지 않았다. 당연한 말이지만, 격자의 단위를 달리하면 격자 위에 그려진 도형의 넓이도 당연히 달라진다. 예를 들어 보도록 하자. [그림 8.11]에서처럼 직각삼각형의 넓이는 Pick의 정리를 사용하지 않고서도 $18\,(단위)^2$임을 알 수 있다. 여기에서 1 단위가 1 cm 라면 삼각형의 넓이는 $18\,\mathrm{cm}^2$ 이고, 1 단위가 2 m 라면 삼각형의 넓이는 $72\,\mathrm{m}^2$ 이 된다는 뜻이다. 즉,

$$18\,(단위)^2 = 18 \times (2\mathrm{m})^2 = 72\,\mathrm{m}^2$$

가 된다는 의미이다.

[그림 8.11]에서 제시한 단위의 의미를 잘 파악하여 문제 8.4를 해결하여 보자.

문제 8.4 ▌ 아래 그림에서처럼 정사각형의 격자위에 주어진 도형의 넓이가 15.75 일 때, 가장 짧은 두 점 사이의 거리를 구하시오.

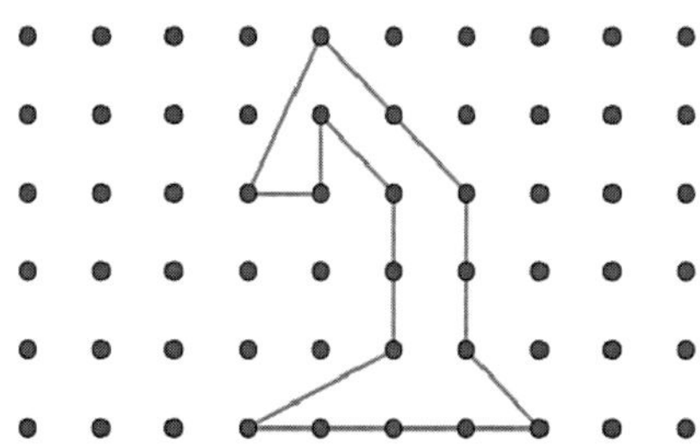

3. Doodle

마지막으로 [그림 8.12]의 Shoelace formula인 $S = \frac{1}{2}(ad - bc)$를 그림으로 증명해 보자. [그림 8.12]부터 [그림 8.17]까지 순서대로 생각을 잘 정리하면 [그림 8.18]의 결론을 …. 직관과 편의를 위하여 삼각형의 한 꼭짓점의 좌표를 원점으로 하였다.

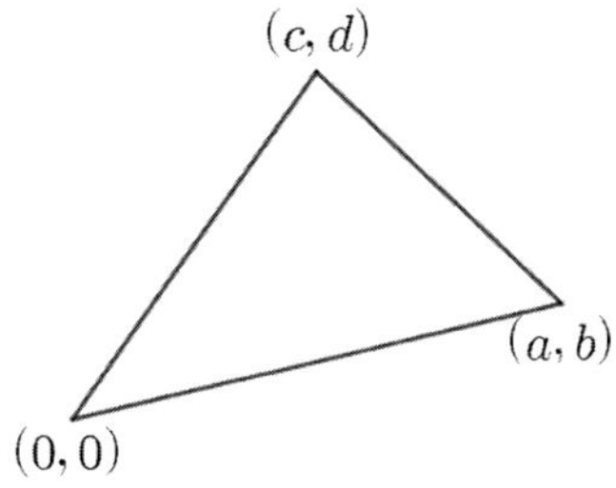

[그림 8.12] 삼각형

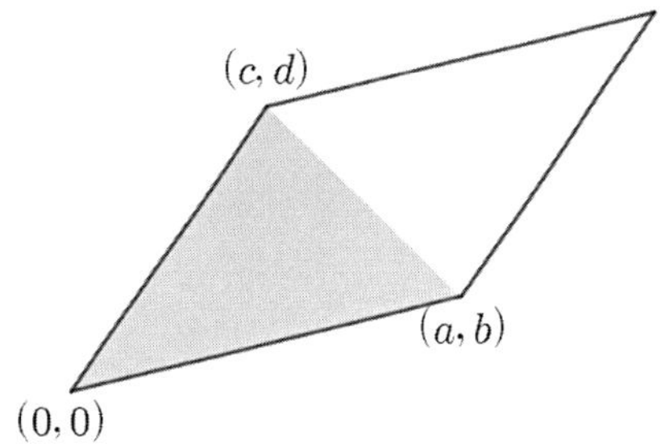

[그림 8.13] 삼각형의 배적변형

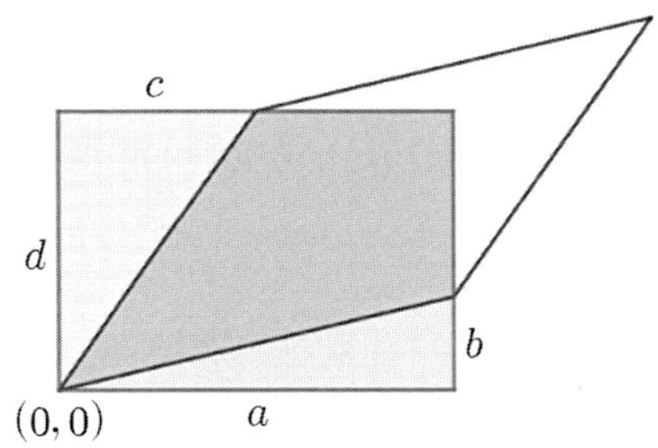

[그림 8.14] 직사각형 구성

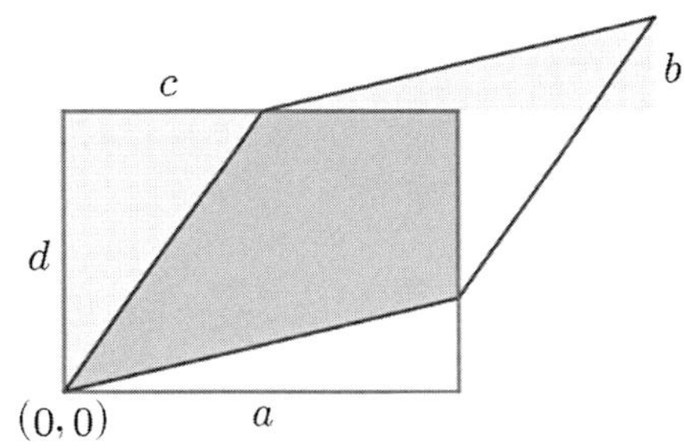

[그림 8.15] 직각삼각형의 이동

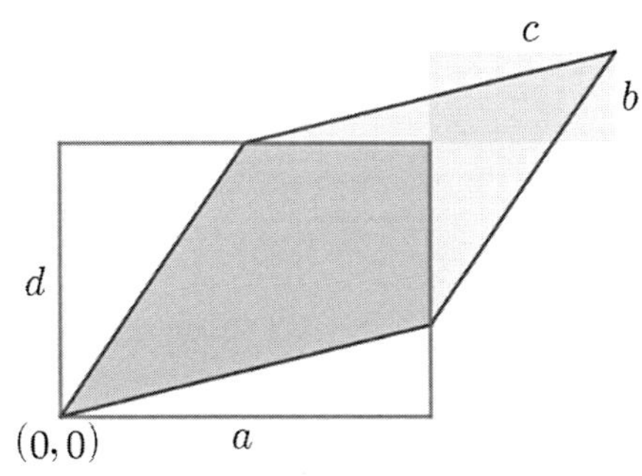

[그림 8.16] 직각삼각형의 이동

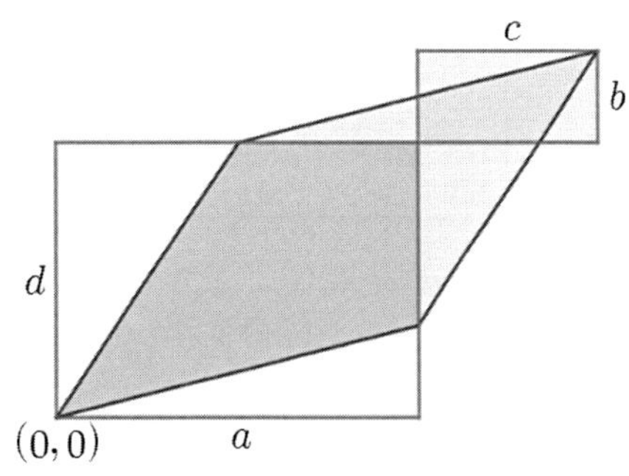

[그림 8.17] 중복된 직사각형 구성

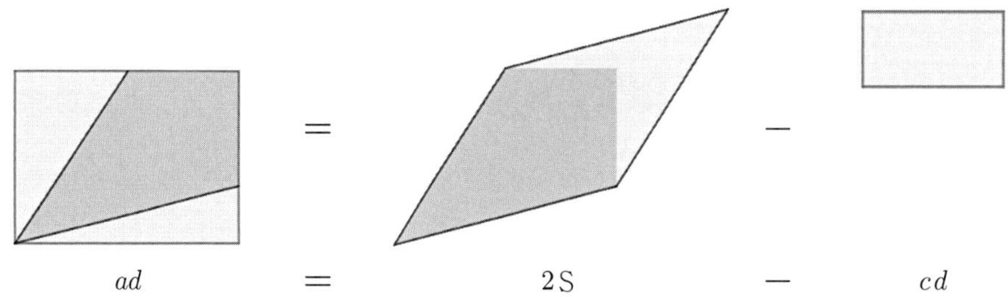

[그림 8.18] Shoelace formula

이번에는 [그림 8.12]의 Shoelace formula를 우리기 학습한 등적변형을 이용한 그림으로 증명해 보자. 우선 [그림 8.12]의 삼각형을 둘러싸는 직사각형을 만들어 이 삼각형을 3개의 삼각형으로 분할해 생각해 보자. 즉, [그림 8.19]와 같이 삼각형 BOE, 삼각형 AEO, 삼각형 ABE 각각의 넓이를 구하면 된다. 그런데, 삼각형 BOE의 넓이는 삼각형 BCE의 넓이와 같다. 등적변형이다. 또한 삼각형 AEO의 넓이는 삼각형 BCE의 넓이와 같다. 이 또한 등적변형이다. 결국 [그림 8.20]과 같이 주어진 삼각형을 둘러싸는 직사각형의 넓이 ad에서 가로, 세로의 길이가 각각 b와 c인 직사각형의 넓이 bc를 빼준 양의 반이 주어진 삼각형의 넓이가 된다. $\mathrm{S}=\frac{1}{2}(ad-bc)$임을 증명한 것이다.

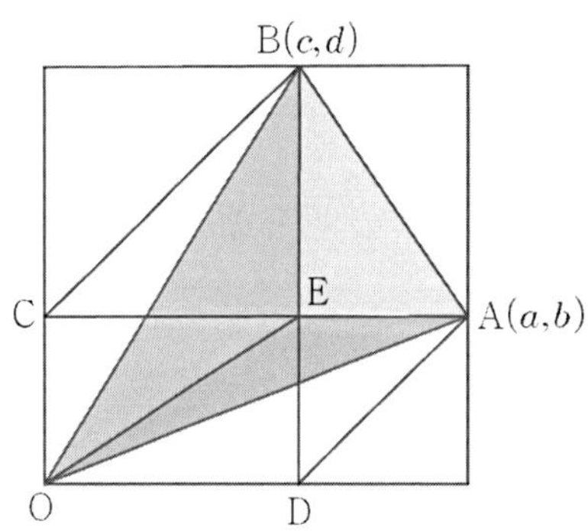

[그림 8.19]

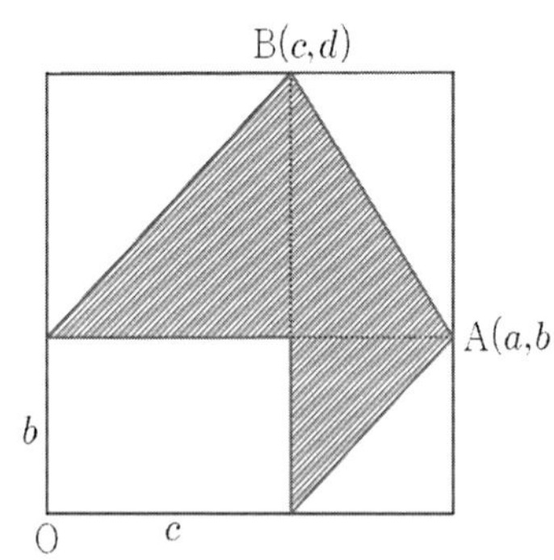

[그림 8.20]

▶▶ 연습문제 8

1. [그림 8.21]에서 주어진 오각형의 넓이를 구하시오.

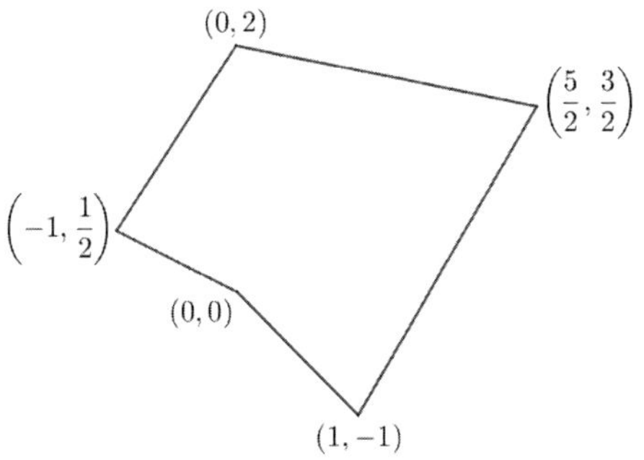

[그림 8.21] 좌표가 주어진 오각형

2. [그림 8.21]에서 주어진 오각형의 넓이를 Pick의 정리를 적용해 구하시오.

3. 가로의 길이가 m, 세로의 길이가 n인 직사각형에 Pick의 정리를 적용해보시오. (단, m, n은 자연수이다.)

4. 밑변의 길이가 m, 높이가 h인 직각삼각형에 Pick의 정리를 적용해보시오. (단, m, h은 자연수이다.)

5. [그림 8.22]에서 주어진 삼각형의 넓이에 대하여 Pick의 정리를 적용해보시오.

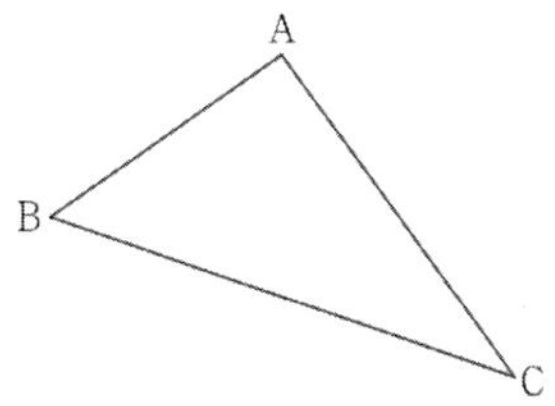

[그림 8.22] 삼각형

6. 네 점 O(0, 0), A(6, 2), B(4, 6), C(2, 6)을 꼭짓점으로 하는 사각형의 넓이를 직선 $y = mx$가 이등분할 때, m의 값을 구하시오.

제 9 강 일반 영역의 넓이

평면도형의 넓이, 곡선의 길이, 곡면의 겉넓이, 입체도형의 부피 등을 구하는 방법인 **구적법**(求積法)은 그 기원조차 확실하지 않을 만큼 오래되었지만, **적분법**의 기원은 Euclid의 원론에 있는 고갈법 등의 몇 가지 기법에서 찾을 수 있다. 이후 구적법의 연구는 계속 발전하였고, Newton과 Leibniz 시대에 적분의 개념으로 그 형식을 갖추게 되었다. 이 강에서는 고등학교에서 학습한 정적분으로 도형의 넓이를 구하여 보도록 하자. 이 교재는 적분에 대한 내용을 여러분들이 고등학교에서 잘 학습한 것으로 판단하고 몇 가지 중요한 내용만 소개하는 정도에서 그치기로 한다.

1. 구적법(求積法, quadrature)

Archimedes의 업적은 그 아이디어와 기술적인 측면에서 17세기 수학과 필적될 정도였다고 한다. 특히 그는 구분구적법의 원형이라고 불리는 고갈법을 통하여 포물선으로 둘러싸인 영역의 넓이와 구의 겉넓이 등을 구하였다.

고대의 수학은 어떤 모양의 넓이를 같은 넓이를 가진 사각형을 기하학적으로 작도하는 과정으로 이해하였다. 이러한 과정을 quadrature라고 한다.[1] 쉬운 예를 들면 가로, 세로의 길이가 각각 2, 8 인 직사각형에 대하여 한 변의 길이가 4 인 정사각형을 작도하는 것이다. 이렇게 고대에서는 A 도형의 넓이는 B 도형의 넓이와 같다는 표현을 사용한 것이다. Archimedes는 '포물선과 직선으로 둘러싸인 영역의 넓이는 이 영역에 내접하는 삼각형 넓이의 $\frac{4}{3}$ 이다(정리 10.6)'와 '구의 겉넓이는 대원(大圓)의 넓이의 4 배이다'라는 사실을 고갈법을 이용하여 증명하였다. **고갈법**(枯渴法, method of exhaustion)이란 한마디로 기본도형들을 이용해 주어진 넓이를 '고갈시키는' 방법이다. 고갈법의 기본 개념은 기본도형들을 사용하여 주어진 영역을 메꾸어 가면 갈수록 주어진 영역의 넓이를 더 고갈시킬 수 있다는 것이다. 즉 그 기본 도형들의 넓이를 모두 더하면 주어진 영역의 넓이에 가까이 갈 것이라는 의미이다. 이 고갈법은 이후 **구분구적법**(區分求積法, quadrature by parts)으로 발전하게 된다.

---

1) quadrature를 사전에서 찾아보면 먼저 '정사각형으로 하기'라고 나온다.

함수 $f(x)$ (≥ 0)가 구간 $[a, b]$에서 연속일 때, 구간 $[a, b]$에서 곡선 $y=f(x)$와 x축으로 둘러싸인 영역의 넓이 S를 구하는 방법을 생각해 보자.

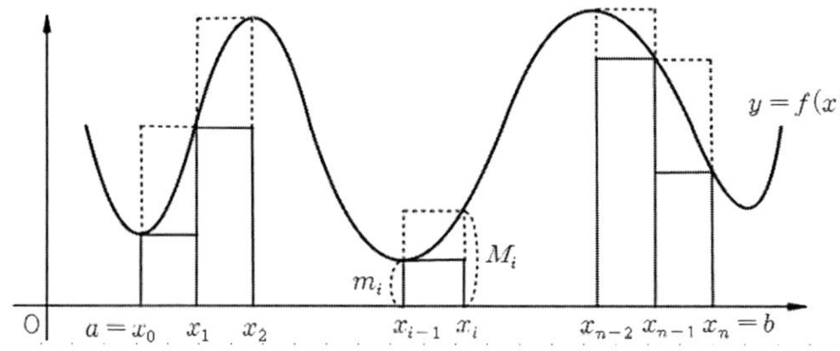

[그림 9.1] 곡선 $y=f(x)$에서 구간 $[a, b]$의 n등분

[그림 9.1]과 같이 구간 $[a, b]$를 n등분하여 각 분점을

$$a=x_0<x_1<x_2<\cdots<x_{n-1}<x_n=b$$

라 하고, 각 부분 구간 $[x_{i-1}, x_i]$에서 $f(x)$의 최솟값을 m_i $(i=1, 2, \cdots, n)$라고 하자. 이때, 각 부분 구간에서 (x_i-x_{i-1})을 가로의 길이, m_i를 세로의 길이로 하는 직사각형들의 넓이의 합을 s_n이라 하면 s_n은 S보다 작으며 n을 크게 하면 점점 S에 가까이 간다. 따라서 다음을 알 수 있다.

$$\lim_{n\to\infty} s_n = \lim_{n\to\infty}\sum_{i=1}^{n} m_i(x_i-x_{i-1}) = \mathrm{S}$$

같은 방법으로, 각 부분 구간 $[x_{i-1}, x_i]$에서 $f(x)$의 최댓값을 M_i라고 하자. 이때, 각 부분 구간에서 (x_i-x_{i-1})과 M_i를 각각 가로와 세로의 길이로 하는 직사각형들의 넓이의 합을 S_n이라 하면 S_n은 S보다 크며 n을 크게 하면 점점 S에 가까이 간다. 즉,

$$\lim_{n\to\infty} S_n = \lim_{n\to\infty}\sum_{i=1}^{n} M_i(x_i-x_{i-1}) = \mathrm{S}$$

임을 알 수 있다. 따라서

$$\lim_{n\to\infty} s_n = \lim_{n\to\infty} S_n = \mathrm{S}$$

이다. 그러므로 함수 $f(x)$가 구간 $[a, b]$에서 연속일 때, $[a, b]$에서 곡선 $y=f(x)$와 x축으로 둘러싸인 영역의 넓이를 구할 수 있다. 이 방법을 **구분구적법**이라 한다.

예제 9.1 ❙ $y=x^2$과 x축, 직선 $x=1$로 둘러싸인 영역의 넓이 S를 구분구적법에 의하여 구하시오.

[풀이] [그림 9.2]과 같이 구간 $[0, 1]$을 n등분하여 각 분점을

$$0=\frac{0}{n}<\frac{1}{n}<\frac{2}{n}<\cdots<\frac{n-1}{n}<\frac{n}{n}=1$$

이라 하자. 따라서

$$\begin{aligned} S_n &= \left(\frac{1}{n}\right)^2\cdot\frac{1}{n}+\left(\frac{2}{n}\right)^2\cdot\frac{1}{n}+\cdots+\left(\frac{n}{n}\right)^2\cdot\frac{1}{n} \\ &= \frac{1^2+2^2+\cdots+n^2}{n^3} \\ &= \frac{1}{6}\left(1+\frac{1}{n}\right)\left(2+\frac{1}{n}\right) \end{aligned}$$

이다. $\lim_{n\to\infty}\frac{1}{6}\left(1+\frac{1}{n}\right)\left(2+\frac{1}{n}\right)=\frac{1}{3}$이므로 넓이 S는 $\frac{1}{3}$이다.

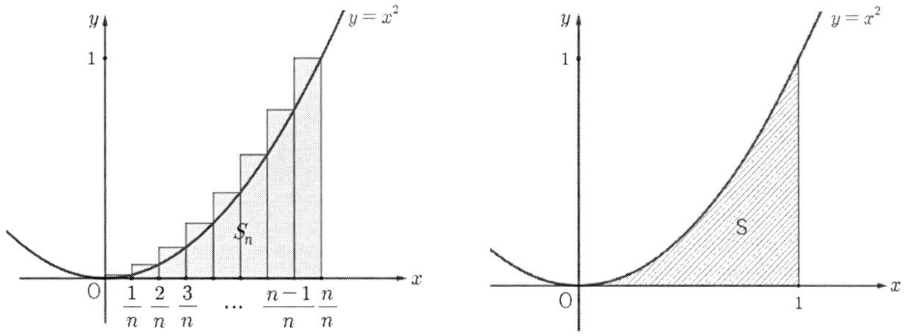

[그림 9.2] $y=x^2$의 그래프

문제 9.2 ❙

$y=x^2$과 x축, 그리고 두 직선 $x=1$, $x=3$으로 둘러싸인 영역의 넓이 S를 구분구적법에 의하여 구하시오.

문제 9.3 ❙

밑변의 길이가 a, 높이가 h인 삼각형의 넓이 S를 구분구적법에 의하여 구하시오.

2. 정적분(definite integral)

$\int_a^b f(x)\,dx$ 를 함수 $f(x)$ 의 구간 $[a, b]$ 에서의 **정적분**이라고 한다. 그리고 구간의 a 와 b 를 각각 정적분의 **하단**, 정적분의 **상단**이라고 하고, $\int_a^b f(x)\,dx$ 를 구하는 것을 $f(x)$ 를 a 에서 b 까지 **적분한다**고 한다. 그리고 적분 구간을 바꿀 때는

$$\int_b^a f(x)\,dx = -\int_a^b f(x)\,dx$$

로 정의한다. 따라서 $\int_a^a f(x)\,dx = 0$ 이 됨은 정의로부터 바로 알 수 있다.

▌정리 9.4▌ 두 함수 $f(x)$, $g(x)$ 가 구간 $[a, b]$ 에서 적분가능이라면,

(1) 상수 α, β 에 대하여 $\alpha f(x) \pm \beta g(x)$ 도 구간 $[a, b]$ 에서 적분가능이다. 그리고 다음이 성립한다.

$$\int_a^b (\alpha f(x) \pm \beta g(x))\,dx = \alpha\int_a^b f(x)\,dx \pm \beta\int_a^b g(x)\,dx$$

(2) $a < c < b$ 인 실수 c 에 대하여 다음이 성립한다.

$$\int_a^b f(x)\,dx = \int_a^c f(x)\,dx + \int_c^b f(x)\,dx$$

(3) 구간 $[a, b]$ 에서 $f(x) \geq g(x)$ 이면 다음이 성립한다.

$$\int_a^b f(x)\,dx \geq \int_a^b g(x)\,dx$$

▌주의 9.5▌ 함수 $f(x)$ 가 구간 $[a, b]$ 에서 적분가능이면 구간 $[a, b]$ 의 부분 구간 $[\alpha, \beta]$ 에서도 적분가능이다. 따라서 구간 $[a, b]$ 에 속하는 임의의 세 점 α, β, γ 에 대하여 다음이 성립한다.

$$\int_\alpha^\beta f(x)\,dx = \int_\alpha^\gamma f(x)\,dx + \int_\gamma^\beta f(x)\,dx$$

▌정리 9.6▐ 함수 $f(x)$가 구간 $[a, b]$에서 연속일 때, 임의의 점 $x \in [a, b]$에 대하여 $F(x) = \int_a^x f(t)\,dt$라 두면, $F(x)$는 미분가능이고,

$$F'(x) = f(x)$$

이 성립한다.

이 정리 9.6은 **미적분의 제1기본정리**라고도 부른다. 함수를 적분한 후 미분하면 원래 함수가 된다는 뜻이다. 즉 원시함수 $F(x)$의 도함수는 $f(x)$임을 말한다. 여러분이 잘 알고 있는 기호로 적으면

$$\frac{d}{dx}F(x) = \frac{d}{dx}\int_a^x f(t)\,dt = f(x)$$

이다. 모두 다 잘 알고 있는 내용이다. 그런데 조금 더 깊이 생각해보자.

이 정리 9.6은 원시함수의 존재정리이다. 그러나 추상적인 존재정리가 아니라 주어진 함수 $f(x)$의 정적분을 이용해 정의한 함수 $F(x)$가 $f(x)$의 수많은 원시함수 중에 하나임을 뜻한다.

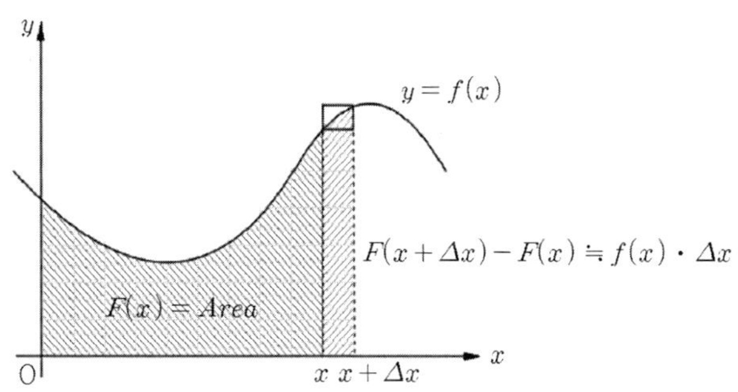

[그림 9.3] 정리 9.6의 기하학적 의미

[그림 9.3]을 이용해 정리 9.6을 설명해보도록 하자. 주어진 연속함수 $f(x)$에 대하여, 구간 $[0, x]$에서 곡선 $y = f(x)$와 x축으로 둘러싸인 영역의 넓이를 나타내는 함수 $F(x)$를 생각하고 이 함수를 **영역함수**라 부르기로 하자. 그러면 영역함수의 정의에 의하여 구간 $[x, x + \Delta x]$에서 곡선 $y = f(x)$와 x축으로 둘러싸인 영역의 넓이는 $F(x + \Delta x) - F(x)$로 표현된다.

한편, 이 영역의 넓이는 $\Delta x f(x) + \Delta x\,(f(x+\Delta x) - f(x))$로도 나타낼 수 있다. 따라서 $F(x+\Delta x) - F(x) \fallingdotseq \Delta x f(x+\Delta x)$이다. 그러므로

$$\frac{F(x+\Delta x) - F(x)}{\Delta x} \fallingdotseq f(x+\Delta x) \;\Rightarrow\; \lim_{\Delta x \to 0} \frac{F(x+\Delta x) - F(x)}{\Delta x} = f(x)$$

가 된다.

즉, 영역함수 $F(x)$의 미분이 존재하고 그것이 원래 함수 $f(x)$이다. 그러므로 영역함수는 원래 함수의 원시함수이다. 이것이 **미적분의 기본정리**의 핵심이다. 여러분이 고등학교에서 학습해 알고 있던 함수의 원시함수를 구해서 그 아래의 넓이를 구하는 방법과 사뭇 다르다.

▌정리 9.7▐ 함수 $f(x)$가 구간 I에서 연속이고, 함수 $F(x)$가 $f(x)$의 한 원시함수이면 I에 속하는 임의의 두 점 a, b에 대하여

$$\int_a^b f(x)\,dx = F(b) - F(a)$$

이 성립한다.

적분 이론의 출발점은 넓이, 부피를 구하는 것으로 Archimedes의 시대까지 거슬러 올라간다. 이로부터 훨씬 후인 17세기까지 Kepler, Cavalieri, Fermat, Wallis 등에 의해 구적문제는 계속 발전하였고 수학자들의 관심사이었다. 한편 Descartes의 좌표 도입에 의해 양의 변화를 그래프로 나타낼 수 있게 되었고 운동의 속도, 접선 등의 문제를 인식하게 된 것이다. 즉 Newton과 Leibniz 이전의 시대에는 넓이를 구하는 것과 접선을 구하는 것은 별개의 문제였다. 이 정리 9.6을 중요하게 생각하는 이유는 전혀 관련이 없던 두 분야가 실제로는 매우 밀접한 관계를 가지고 있음을 보여주기 때문이다. 따라서 **미적분의 제2기본정리**라고도 불리는 정리 9.7 덕분에 미분과 적분이 하나의 체계를 이루었다고 말할 수 있다. 또한 우리들에게는 구분구적법에서처럼 적분 이론에 등장하는 여러 가지 극한값을 구하는 수고를 덜어주는 큰 선물이 되었다.

▌정리 9.8▐ 정리 9.7에서 $F(b) - F(a) = [F(x)]_a^b$로 나타낸다.

3. 넓이

함수 $f(x)$가 구간 $[a, b]$에서 연속일 때, 곡선 $y=f(x)$와 x축 및 두 직선 $x=a$, $x=b$로 둘러싸인 영역의 넓이 S를 구하여 보자.

1). $[a, b]$에서 $f(x) \geq 0$일 때, 정적분의 정의에 의하여 넓이 S는 다음과 같다.

$$S = \int_a^b f(x)\,dx$$

2). $[a, b]$에서 $f(x) \leq 0$일 때, 곡선 $y=f(x)$는 곡선 $y=-f(x)$와 x축에 대하여 대칭이고 $-f(x) \geq 0$이므로 넓이 S는 다음과 같다.

$$S = \int_a^b (-f(x))\,dx = \int_a^b |f(x)|\,dx$$

3). $[a, c]$에서 $f(x) \geq 0$이고, $[c, b]$에서 $f(x) \leq 0$일 때, 넓이 S는 다음과 같다.

$$S = \int_a^c |f(x)|\,dx + \int_c^b f(x)\,dx = \int_a^b |f(x)|\,dx$$

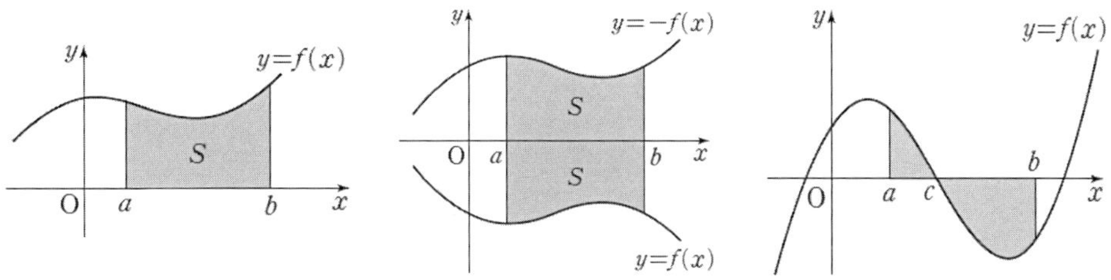

[그림 9.4] 곡선 $y=f(x)$와 x축 및 두 직선 $x=a$, $x=b$로 둘러싸인 영역의 넓이

이상을 정리하면 다음 정리를 얻는다.

▎정리 9.9▎ 함수 $f(x)$가 구간 $[a, b]$에서 연속일 때, 곡선 $y=f(x)$와 x축 및 두 직선 $x=a$, $x=b$로 둘러싸인 영역의 넓이 S는 다음과 같다.

$$S = \int_a^b |f(x)|\,dx$$

예제 9.10 ▎ 곡선 $y = -x^2 + x + 2$와 x축으로 둘러싸인 영역의 넓이를 구하시오.

[풀이] 곡선과 $y = -x^2 + x + 2$와 x축의 교점의 x좌표는 $-x^2 + x + 2 = 0$ 으로부터 $x = -1$ 또는 $x = 2$이다. 구간 $[-1, 2]$에서 $-x^2 + x + 2 \geq 0$ 이므로 구하는 넓이 S는 다음과 같다.

$$\mathrm{S} = \int_{-1}^{2} (-x^2 + x + 2)\,dx = \left[-\frac{1}{3}x^3 + \frac{1}{2}x^2 + 2x \right]_{-1}^{2} = \frac{9}{2}$$

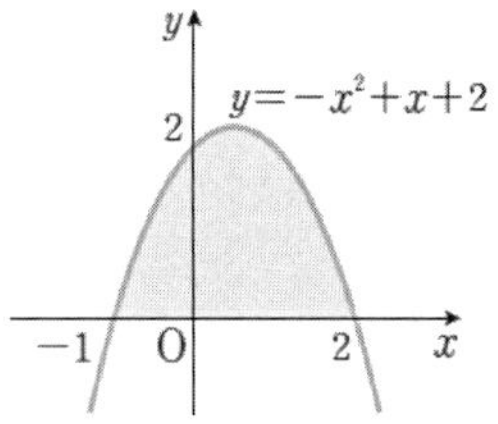

[그림 9.5]

문제 9.11 ▎

곡선 $y = x^2 - 3x$와 x축, 그리고 두 직선 $x = -1$, $x = 2$로 둘러싸인 영역의 넓이를 구하시오.

문제 9.12 ▎

오른쪽 그림과 같이 곡선 $y = -x^2 + ax + 9 - 3a$와 x축 및 y축으로 둘러싸인 두 영역의 넓이가 같을 때, 상수 a의 값을 구하시오.

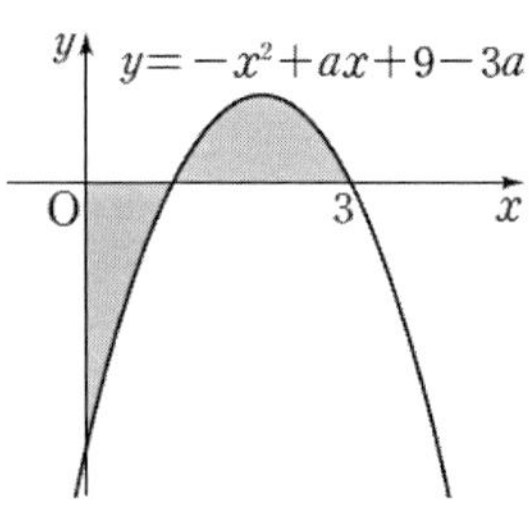

문제 9.13 ▎

1. 곡선 $y = kx^3$과 x축, 직선 $x = 1$, $x = 3$으로 둘러싸인 영역의 넓이가 80일 때, 상수 k의 값을 구하시오. (단, $k > 0$)
2. 포물선 $x = 3y^2 + 1$과 y축, 직선 $y = 0$, $y = k$로 둘러싸인 영역의 넓이가 10일 때, 상수 k의 값을 구하시오.

1) 두 곡선 사이의 넓이

두 함수 $f(x)$, $g(x)$가 구간 $[a, b]$에서 연속일 때, 두 곡선 $y=f(x)$, $y=g(x)$와 두 직선 $x=a$, $x=b$로 둘러싸인 영역의 넓이 S를 구하여 보자.

1). $[a, b]$에서 $f(x) \geq g(x) \geq 0$일 때, 넓이 S는 다음과 같다.

$$\mathrm{S} = \int_a^b f(x)\,dx - \int_a^b g(x)\,dx = \int_a^b (f(x)-g(x))\,dx$$

2). $[a, b]$에서 $f(x) \geq g(x)$이고 $f(x) \leq 0$ 또는 $g(x) \leq 0$일 때, 두 곡선 $y=f(x)$와 $y=g(x)$를 y축 방향으로 k만큼 평행이동하여 $f(x)+k \geq g(x)+k \geq 0$이 되도록 하면 넓이 S는 다음과 같다.[2)]

$$\mathrm{S} = \int_a^b (f(x)+k)\,dx - \int_a^b (g(x)+k)\,dx = \int_a^b (f(x)-g(x))\,dx$$

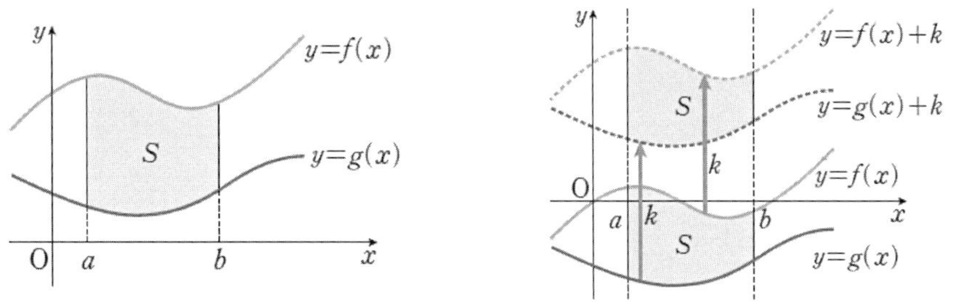

[그림 9.6] 두 곡선 $y=f(x)$, $y=g(x)$와 두 직선 $x=a$, $x=b$로 둘러싸인 영역의 넓이

이상을 정리하면 다음 정리를 얻는다.

❙정리 9.14❙ 두 함수 $f(x)$, $g(x)$가 구간 $[a, b]$에서 연속일 때, 두 곡선 $y=f(x)$, $y=g(x)$와 두 직선 $x=a$, $x=b$로 둘러싸인 영역의 넓이 S는

$$\mathrm{S} = \int_a^b |f(x)-g(x)|\,dx$$

이다.

2) 도형은 평행이동을 하더라도 그 넓이는 불변이다.

예제 9.15 ▍ 두 곡선 $y=x^2-2x-1$ 와 $y=-2x^2+4x-1$ 로 둘러싸인 영역의 넓이를 구하시오.

[풀이] $x^2-2x-1=-2x^2+4x-1$ 로부터 두 곡선의 교점의 x 좌표는 $x=0$과 $x=2$ 이다.
구간 $[0, 2]$ 에서 $-2x^2+4x-1 \geq x^2-2x-1$ 이므로 구하는 넓이 S는 다음과 같다.

$$\begin{aligned} S &= \int_0^2 \{(-2x^2+4x-1)-(x^2-2x-1)\}\,dx \\ &= \left[-x^3+3x^2\right]_0^2 = 4 \end{aligned}$$

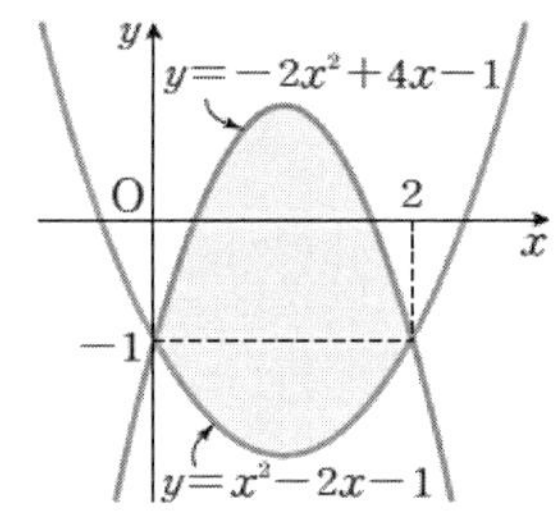

[그림 9.7]

두 곡선 $y=f(x)$, $y=g(x)$ 로 둘러싸인 영역의 넓이를 구하는 일반적인 방법을 생각해 보자.

두 곡선 $y=ax^2+bx+c$ 와 $y=a'x^2+b'x+c'$ 의 교점의 x 좌표를 α, $\beta\,(\alpha<\beta)$ 라 할 때 이 두 곡선으로 둘러싸인 영역의 넓이 S는 다음과 유도할 수 있다.

$$\begin{aligned} S &= \int_\alpha^\beta \left|(ax^2+bx+c)-(a'x^2+b'x+c')\right| dx \\ &= -|a-a'|\int_\alpha^\beta (x-\alpha)(x-\beta)\,dx \\ &= -|a-a'|\int_\alpha^\beta (x-\alpha)\{(x-\alpha)+(\alpha-\beta)\}\,dx \\ &= -|a-a'|\left\{\int_\alpha^\beta (x-\alpha)^2dx+(\alpha-\beta)\int_\alpha^\beta (x-\alpha)\,dx\right\} \\ &= \frac{|a-a'|(\beta-\alpha)^3}{6} \end{aligned}$$

이 넓이 공식을 예제 9.15에 적용해 보자. x 좌표는 0과 2이므로 $(\beta-\alpha)^3=2^3$이고, $|a-a'|=3$ 이므로 간단한 계산에 의해 $S=\dfrac{3\cdot 8}{6}=4$를 얻을 수 있다.

문제 9.16 ▍

두 곡선 $y=x^2-2x+1$ 과 $y=-x^2+4x+1$ 로 둘러싸인 영역의 넓이를 구하시오.

4. 부채꼴의 넓이

부채꼴(circular sector)은 평면 도형의 하나로, 원의 두 개의 반지름과 그 사이에 있는 호에 의해 둘러싸인 도형을 말한다. 이때 두 개의 반지름이 이루는 각을 **부채꼴의 중심각**(central angle)이라 한다. 중심각의 크기가 $180°$ 인 것은 반원이다. 일반적으로 중심각의 크기 x 는 $0° < x < 360°$ 로 표현하지만, 원을 중심각의 크기가 $360°$ 인 부채꼴이라고 생각할 수도 있다.

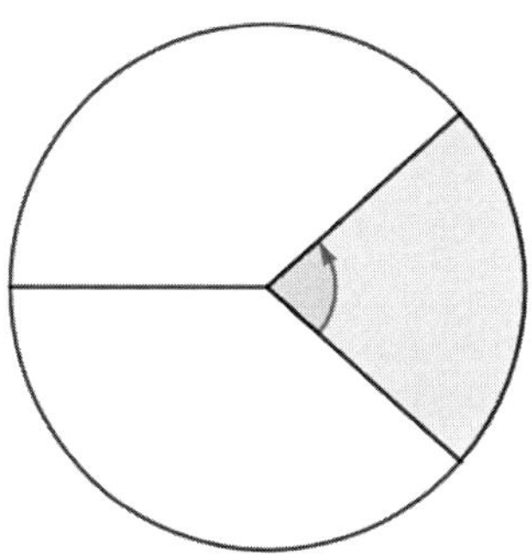

[그림 9.8] 부채꼴

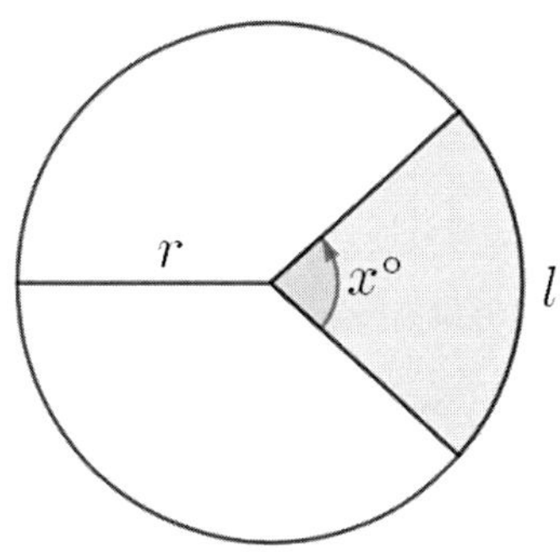

[그림 9.9] 중심각 $x°$ 인 부채꼴

부채꼴의 호의 길이는 부채꼴의 중심각의 크기에 비례한다. 따라서

원의 중심각 : 원의 둘레 = 부채꼴의 중심각 : 부채꼴의 호의 길이

라는 비례식을 생각할 수 있다. 그리고 부채꼴의 넓이도 부채꼴의 중심각의 크기에 비례한다. 따라서

원의 중심각 : 원의 넓이 = 부채꼴의 중심각 : 부채꼴의 넓이

라는 비례식도 생각할 수 있다. 그러므로 [그림 9.9]와 같이 반지름의 길이가 r 인 원에서 중심각의 크기가 $x°$, 호의 길이가 l, 넓이가 S 인 부채꼴을 생각하면 두 비례식은

$$360° : 2\pi r = x° : l, \qquad 360° : \pi r^2 = x° : \mathrm{S}$$

로 표현할 수 있고, 이 비례식을 통해

$$l = 2\pi r \times \frac{x°}{360°}, \qquad \mathrm{S} = \pi r^2 \times \frac{x°}{360°}$$

를 얻을 수 있다. 이 내용들은 여러분들이 중학교에서 학습한 내용이다.

[그림 9.10]에서 제시된 호의 길이나 부채꼴의 넓이를 구하는 문항들은 중학교에서 학습하는 전형적인 내용들이다.

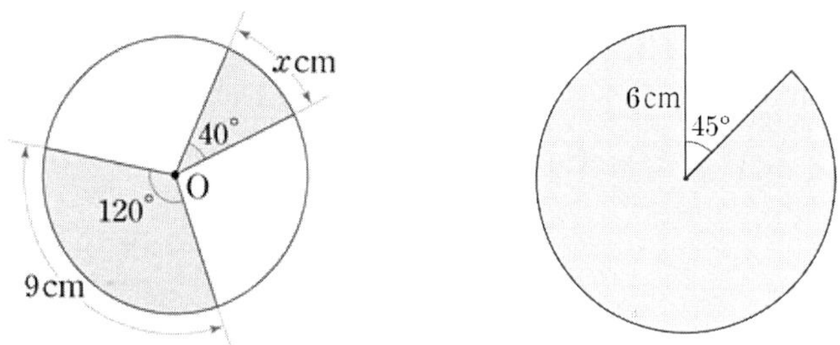

[그림 9.10] 부채꼴에 대한 전형적인 문항들

고등학교에서는 부채꼴의 호의 길이와 넓이를 2강에서 학습한 radian의 정의를 이용하여 유도한다. 1 rad은 반지름의 길이와 호의 길이가 같을 때의 각의 크기이므로 호의 길이는 반지름의 길이와 각의 크기의 곱으로 표현할 수 있기 때문이다.

[그림 9.11]과 같이 반지름의 길이가 r인 원에서 부채꼴의 중심각의 크기를 θ rad, 호의 길이를 l, 부채꼴의 넓이를 S라고 하면 두 비례식은

$$2\pi : 2\pi r = \theta : l, \qquad 2\pi : \pi r^2 = \theta : \mathrm{S}$$

로 표현할 수 있고, 이 비례식을 통해

$$l = r\theta, \qquad \mathrm{S} = \frac{1}{2}r^2\theta$$

를 얻을 수 있다. 또한 $\theta = \dfrac{l}{r}$에 의해 $\mathrm{S} = \dfrac{1}{2}rl$로도 표현할 수 있다.

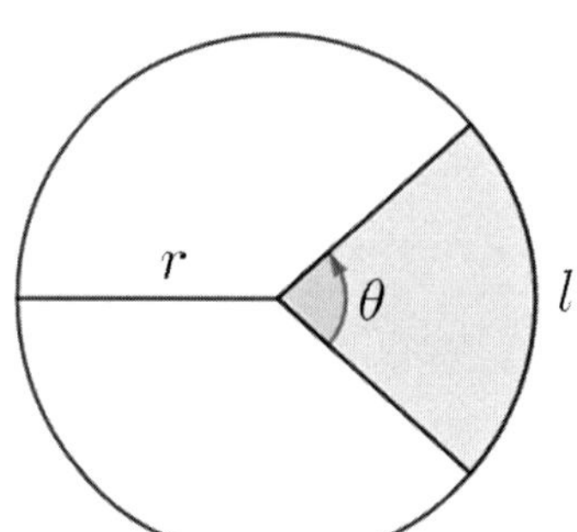

[그림 9.11] 중심각 θ인 부채꼴

예제 9.17 호의 길이가 2π, 넓이가 12π 인 부채꼴의 반지름의 길이와 중심각의 크기를 구하시오.

[풀이] 반지름의 길이를 r, 중심각의 크기를 θ, 호의 길이를 l, 부채꼴의 넓이를 S라고 하면 $l = 2\pi$, $\mathrm{S} = 12\pi$ 이다.

$\mathrm{S} = \frac{1}{2}rl$ 로부터 $12\pi = \frac{1}{2} \times r \times 2\pi$ 이므로 $r = 12$ 이다.

그리고 $l = r\theta$ 로부터 $2\pi = 12\theta$ 이므로 $\theta = \frac{\pi}{6}$ 이다.

문제 9.18 반지름의 길이가 r, 중심각의 크기가 θ 인 부채꼴의 호의 길이를 l, 넓이를 S 라고 할 때, 다음을 구하시오.

1. $r = 6$, $\theta = \pi/6$ 일 때, l과 S.
2. $l = 2\pi$, $\mathrm{S} = 8\pi$ 일 때, r과 θ.

문제 9.19

반지름의 길이가 r 인 원에서 중심각의 크기 $\pi/2$ 에 대한 호와 현으로 둘러싸인 활꼴의 넓이를 구하시오.

문제 9.20 [그림 9.12]와 같이 반지름의 길이가 r 인 3개의 원이 외접할 때, 세 개의 접점 사이의 호로 둘러싸인 영역의 넓이 S를 구하시오.

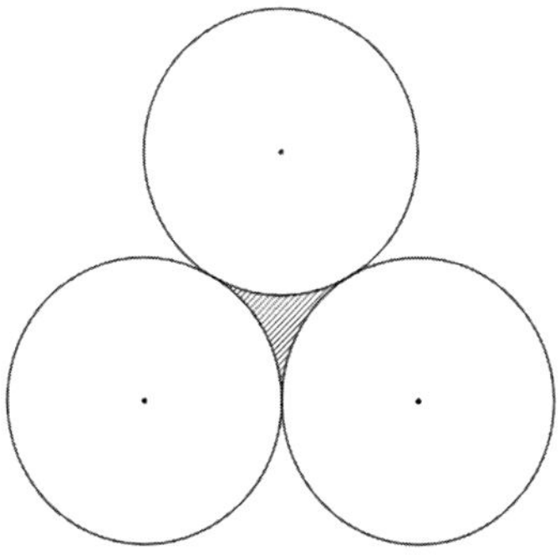

[그림 9.12]

5. Doodle

우리나라는 1997년 7차 교육과정에서부터 부채꼴에 대한 내용은 중학교에서 학습하도록 하였다. 즉, 현행 교육과정에 따르면 부채꼴에 대한 내용은 초등학교에서 다루지 않는다. [그림 9.13]은 2015 개정 수학과 교육과정에 따른 현 교과서와 수학익힘책 6학년 2학기 5단원 원의 넓이에 제시된 문항들이다. 부채꼴인 반원, 사분원의 넓이를 구해야 한다. 엄밀하게 말하자면 소위 교육과정 위배라고도 말할 수 있다. 중학교에서 학습해야할 부채꼴의 넓이에 대한 내용이기 때문이다.

그런데 한편으로는 반원의 넓이는 원의 넓이의 $\frac{1}{2}$, 사분원의 넓이는 원의 넓이의 $\frac{1}{4}$로 교수할 수 있다. 이 말은 부채꼴을 하나의 도형으로 생각하느냐 아니면 원의 일부라고 생각하느냐에 따른다는 의미이다. 후자의 관점에서는 중심각의 크기가 $60°$ 인 부채꼴의 넓이는 원의 넓이의 $\frac{1}{6}$로 교수할 수 있다. 선택은 항상 교사가 된 여러분들의 몫이다.

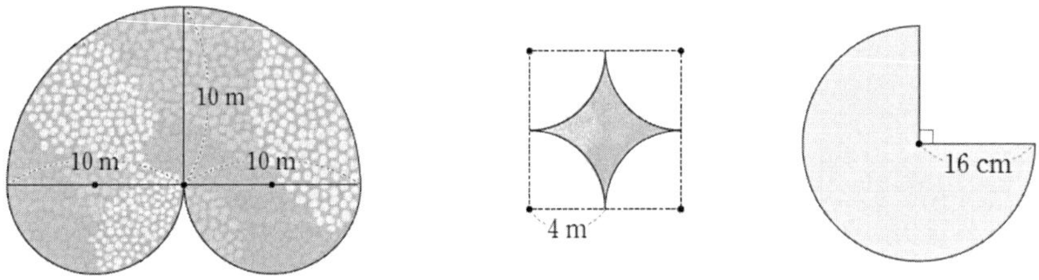

[그림 9.13] 초등학교 교과서와 수학익힘책에 제시된 문항(교육부, 2019)

▶▶ 연습문제 9

1. 반지름의 길이가 r 인 원의 넓이 S를 구분구적법을 사용하여 구하시오.

2. 함수 $f(x) = x^2 + ax + b\ (a \geq 0,\ b > 0)$ 가 있다. 그림과 같이 2 이상인 자연수 n 에 대하여 구간 $[0, 1]$ 을 n 등분한 각 분점(양 끝점도 포함)을 차례로

$$0 = x_0,\ x_1,\ x_2,\ \cdots,\ x_{n-1},\ x_n = 1$$

이라 하자. 구간 $[x_{k-1}, x_k]$ 를 밑변으로 하고 높이가 $f(x_k)$ 인 직사각형의 넓이를 A_k 라 하자. $(k = 1, 2, \cdots, n)$

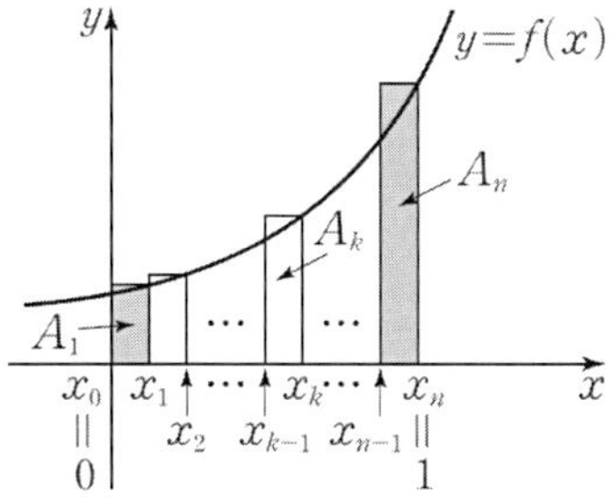

양 끝에 있는 두 직사각형의 넓이의 합이 $A_1 + A_n = \dfrac{7n^2+1}{n^3}$ 일 때, $\displaystyle\lim_{n\to\infty}\sum_{k=1}^{n}\frac{8k}{n}A_k$ 의 값을 구하시오. (2010학년도 대학수학능력시험, 한국교육과정 평가원)

3. 곡선 $y = x^3$ 과 y 축 및 직선 $y = 8$ 로 둘러싸인 영영의 넓이를 구하시오.

4. 그림과 같이 함수 $y = |x^2 - x|$ 의 그래프와 직선 $y = mx\ (m > 0)$ 으로 둘러싸인 두 영역의 넓이가 서로 같을 때, 상수 m 의 값을 구하시오.

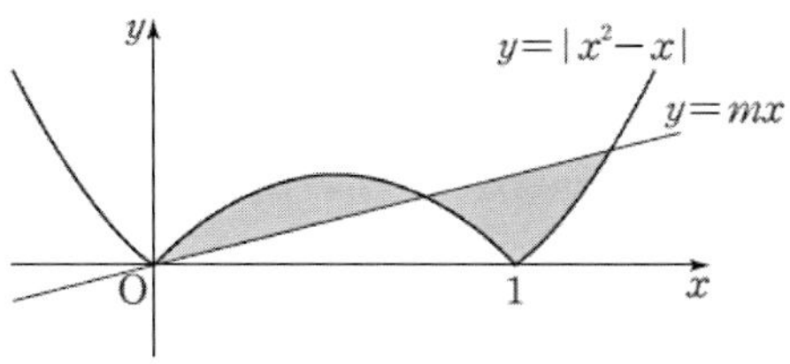

5. 곡선 $y=\frac{1}{2}x^2$ 위의 점 $\mathrm{P}\left(1,\ \frac{1}{2}\right)$에서의 접선을 l이라 하고, 점 P를 지나고 l에 수직인 직선을 m이라 하자. 곡선 $y=\frac{1}{2}x^2$과 직선 m으로 둘러싸인 영역의 넓이를 구하시오.

6. 그림과 같이 좌표평면에 네 점 $\mathrm{O}(0,0)$, $\mathrm{A}(2,0)$, $\mathrm{B}(2,2)$, $\mathrm{C}(0,2)$를 꼭짓점으로 하는 정사각형 OABC가 있다. 이차함수 $y=f(x)$의 그래프는 두 점 B, C를 지나고, x축에 접한다. 정사각형 OABC의 내부의 영역 중에서 연립부등식

$$y \le f(x), \quad y \le k$$

의 영역의 넓이를 S_1이라 하자.
그리고 정사각형 OABC의 내부의 영역 중에서 연립부등식

$$y \ge f(x), \quad y \ge k$$

의 영역의 넓이를 S_2라 하자. $S_1=S_2$일 때, 상수 k의 값을 구하시오. (단, $0<k<2$)

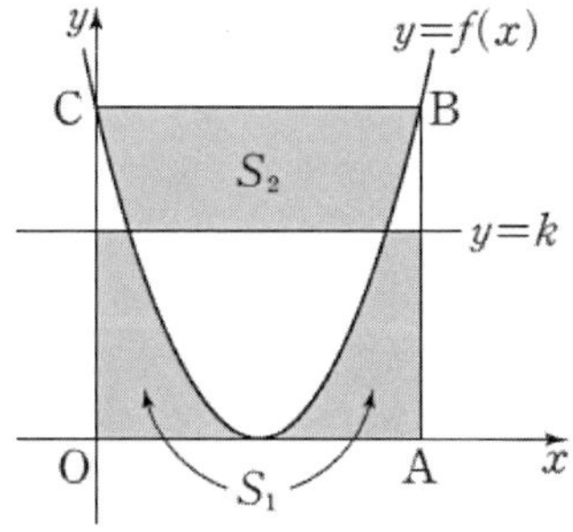

7. 삼차곡선 $f(x)=ax^3+bx^2+cx+d$ 위의 점 $(\alpha,\ f(\alpha))$에서의 접선 $y=mx+n$이 다시 이 곡선과 만나는 점을 $(\beta,\ f(\beta))$라 할 때, 곡선 $y=f(x)$와 접선 $y=mx+n$으로 둘러싸인 영역의 넓이를 구하시오.

8. 사차곡선 $f(x)=ax^4+bx^3+cx^2+dx+e$ 위의 두 점 $(\alpha,\ f(\alpha))$와 $(\beta,\ f(\beta))$에 동시에 접하는 접선 $y=mx+n$으로 둘러싸인 영역의 넓이를 구하시오.

9. 두 곡선 $y=\sqrt{x}$, $y=-\sqrt{x}$ 및 직선 $x=1$로 둘러싸인 영역의 넓이를 구하시오.

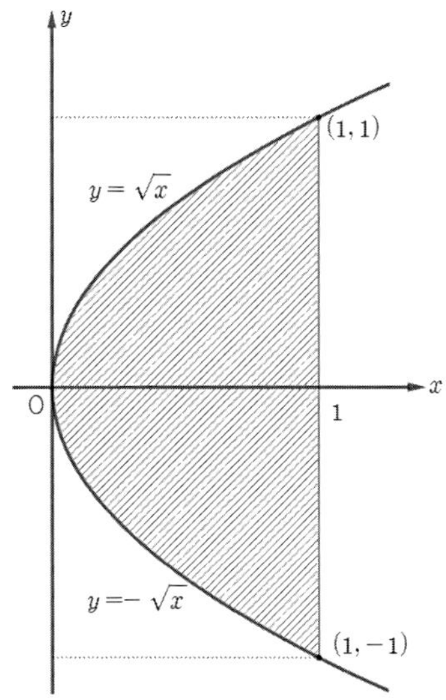

10. 네 직선 $y=x+1$, $y=\frac{1}{2}x$, $x=0$, $x=1$로 둘러싸인 영역의 넓이를 구하시오.

11. [그림 9.14]는 길이가 40 cm 인 어느 자동차의 와이퍼가 $\frac{3}{5}\pi$ 만큼 회전한 모양을 나타낸 것이다. 이 와이퍼의 유리창을 닦는 고무판의 길이가 30 cm 라고 할 때, 이 와이퍼의 고무판의 회전하면서 닦는 부분의 넓이를 구하시오. 단, 유리창은 평면이라 가정하자.

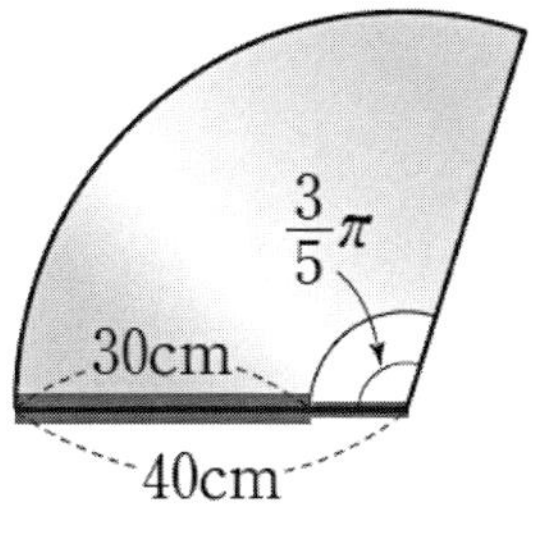

[그림 9.14]

12. 부등식 $y-\sqrt{3}\,|x|+1\geq 0$, $x^2+y^2+2y\leq 0$이 나타내는 영역의 넓이를 구하시오,

제 10 강 Cavalieri의 원리

[그림 10.1]과 같이 평행선 사이에 있는 두 삼각형이 있다. 이때 두 삼각형은 밑변의 길이와 높이가 같다. 두 삼각형의 넓이를 비교하면 어느 쪽이 더 클까?

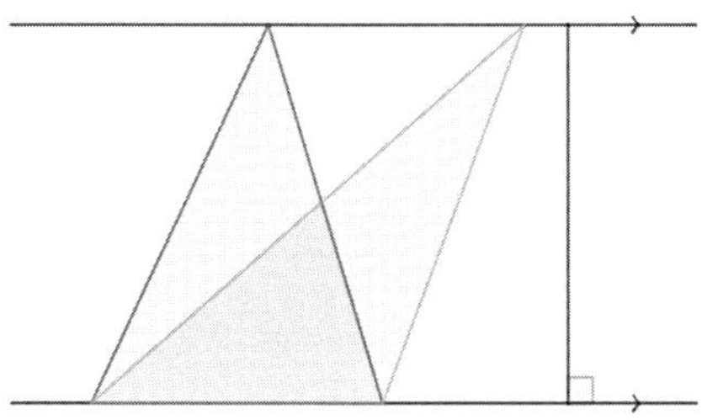

[그림 10.1] 평행선 사이의 두 삼각형

얼핏 보면 오른쪽 삼각형이 기울어져 있어 더 넓어 보이지만, 사실 두 삼각형은 밑변의 길이와 높이가 같으므로 그 넓이는 서로 같다. 초등학생용 문제를 대학생에게 … 하겠지만, 실제로 [그림 10.1]은 초등학교 5학년 1학기 교과서에 그대로 실려 있다. 물론 밑변의 길이와 높이가 같은 각각의 삼각형은 그 넓이도 같음을 가르칠 때 사용한다. 여러분이 교사가 되기 전에 치루는 시험인 '공립 초등학교 교사 임용후보자 선정경쟁시험' 2016학년도 수학 문항 6. 1)에 출제가 된 내용이다.

문제 10.1 ▌ [그림 10.2]와 같이 밑변의 길이가 b, 높이가 h인 두 삼각형이 있다. 밑변에 평행한 임의의 직선 l이 두 삼각형을 지날 때 만나는 점을 각각 G, H, I, J라 하자. 이때 $\overline{GH} = \overline{IJ}$임을 보이시오.

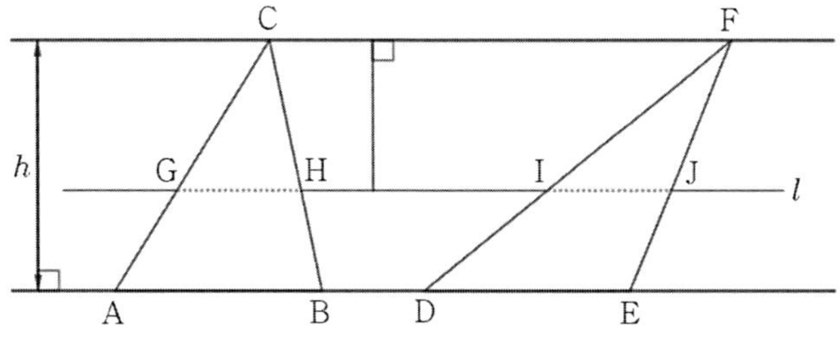

[그림 10.2] 두 삼각형의 넓이 비교 1

아니 이번에는 중학생용 문제를 … 하겠지만 두 내용을 종합해서 여기에 숨겨져 있는 어떤 아이디어를 찾았으면 좋겠다. 문제 10.1은 닮음, 넓이 등을 이용하여 여러 가지 방법으로 해결할 수 있을 것이다. 해결이 되었다면 문제 10.1과 같은 조건 아래에서, [그림 10.3]에서처럼 밑변에 평행한 임의의 세 직선 l, m, n이 두 삼각형을 지날 때에도 각 선분들의 길이가 같음을 쉽게 알 수 있다.

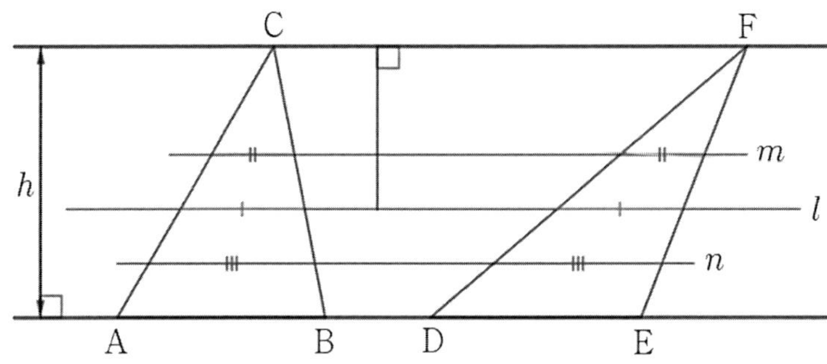

[그림 10.3] 두 삼각형의 넓이 비교 2

도형을 바꾸어 그림을 하나 더 제시하면 [그림 10.4]와 같다.

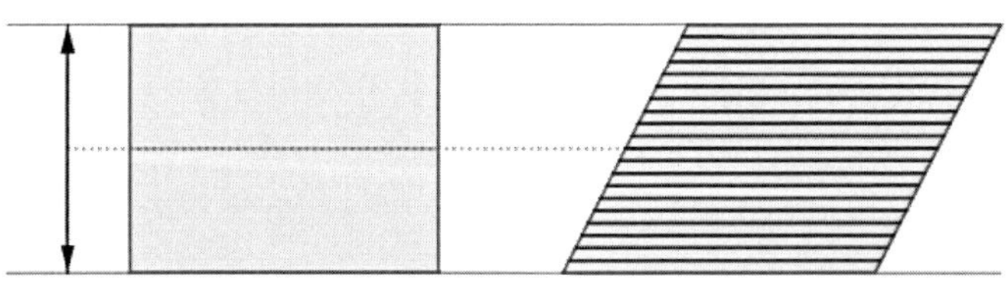

[그림 10.4] 폭이 없는 선분들의 모임(무한소 너비의 평행사변형)

B. Cavalieri(1598-1647)는 G. Galilei(1564–1642)의 제자인 이탈리아의 수학자이다. 그는 면은 무수히 많은 평행한 선분들로 구성되어 있고, 입체는 무수히 많은 평행한 면들로 구성되어 있는 것으로 간주하여 이를 각각 넓이와 부피에 대한 불가분량(不可分量, indivisibles)이라 하였다. 즉 평면도형을 폭이 없는 선분들의 모임으로, 입체도형은 두께가 없는 면의 모임으로 생각하여 넓이와 부피를 계산하였다고 전해진다. 이것은 무슨 의미일까? 비유적으로 아주 가는 실로 손수건을 만들고, 종이의 낱장을 모아 책을 만든다고 생각하면 손수건의 넓이와 책의 부피를 생각할 수 있다. '극한'의 개념이 없던 시대의 놀라운 발상이다.

[그림 10.5]를 이용하여 Cavalieri의 생각을 우리가 알고 있는 현대의 용어로 바꾸어 적어 보도록 하자.

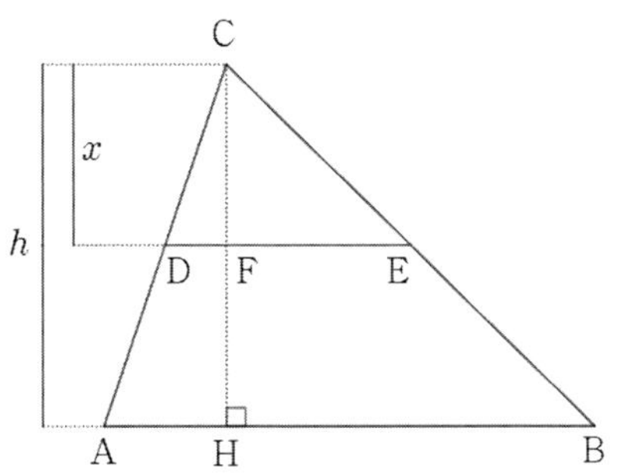

[그림 10.5] 불가분량으로의 넓이

[그림 10.5]에서 불가분량은 삼각형 ABC 의 밑변 AB 에 평행한 선분 DE 라 할 수 있다. 선분 DE 의 길이는 꼭짓점 C 에서 불가분량인 선분 DE 까지의 거리 x 에 의존하므로 x 에 대한 함수 $f(x)$ 로 적을 수 있다. $\overline{AB} = b$ 라 하면, 삼각형 ABC 와 삼각형 DEC 의 닮음으로부터

$$\overline{AB} : \overline{DE} = \overline{CH} : \overline{CF} \quad \Leftrightarrow \quad b : f(x) = h : x$$

를 얻을 수 있다. 따라서 $f(x) = \dfrac{b}{h}x$ 이고, 무한히 작은 폭을 dx 라고 생각하면 불가분량의 넓이는 $\dfrac{bx}{h}dx$ 이다. 그러므로 삼각형 ABC 의 넓이는 불가분량의 넓이들의 합으로 다음과 같이 우리가 잘 알고 있는 식으로 얻어진다.

$$\int_0^h \frac{b}{h}x\,dx = \frac{b}{h}\int_0^h x\,dx = \frac{1}{2}bh$$

이제 Cavalieri의 생각을 정리해 보자. 그의 생각에 따르면, 평행한 두 직선 사이에 두 평면도형이 있을 때, 임의의 같은 높이에서 두 평면도형에 그은 선분의 길이의 비가 일정하면 두 평면도형의 넓이의 비도 일정하다. 이것이 그 유명한 **Cavalieri의 원리**이다. 즉 각 선분의 길이의 비가 $a_1 : b_1 = a_2 : b_2 = \cdots = a_n : b_n$ 일 때

$$(a_1 + a_2 + \cdots + a_n) : (b_1 + b_2 + \cdots + b_n) = a_1 : b_1$$

과 같은 유한에서의 법칙을 무한에 까지 확장시킨 것이라고 볼 수 있다.

▌정리 10.2▐ [Cavalieri's Principle in 2D] 평행한 두 직선 사이에 두 평면도형이 있다. 이 두 직선에 평행한 임의의 직선에 의해 잘린 두 평면도형의 선분의 길이의 비가 같으면 두 평면도형의 넓이의 비도 같다.

삼각형의 경우를 예로 들어보자. 높이가 같고 밑변이 한 직선 위에 있는 두 삼각형의 밑변의 길이의 비가 $a:b$ 이면 밑변에 평행한 직선에 의해 잘린 두 선분의 길이의 비는 항상 $a:b$ 이므로 두 삼각형의 넓이의 비도 $a:b$ 이다.

정리 10.2는 적분을 사용하지 않고서도 우리에게 타원의 넓이를 구할 수 있도록 해 준다. 예제 10.3의 의미를 잘 이해하도록 하자.

예제 10.3 ▌ 타원 $\frac{x^2}{a^2}+\frac{y^2}{b^2}=1\ (a>b>0)$의 넓이를 구하시오.

[풀이] [그림 10.6]에서처럼 타원 $\frac{x^2}{a^2}+\frac{y^2}{b^2}=1$ 과 원 $x^2+y^2=b^2$은 두 직선 $y=\pm b$와 동시에 접하고 있다. 즉, 평행한 두 직선 $y=\pm b$ 사이에 있다는 말이다. 두 직선 $y=\pm b$와 평행한 직선 $y=t\ (-b<t<b)$에 의해 잘린 선분 AB와 선분 CD의 길이를 구하면 정리 10.2를 적용할 수 있다.

점 C의 x 좌표는 $x=\frac{a}{b}\sqrt{b^2-t^2}$ 이므로 $\overline{\mathrm{CD}}=\frac{2a}{b}\sqrt{b^2-t^2}$ 이고,

점 A의 x 좌표는 $x=\sqrt{b^2-t^2}$ 이므로 $\overline{\mathrm{AB}}=2\sqrt{b^2-t^2}$ 이다.

따라서 $y=t\ (-b<t<b)$에 의해 잘린 두 선분 AB와 CD의 길이의 비는 $a:b$이므로 타원과 원의 넓이의 비도 $a:b$이다. 따라서 타원의 넓이는 πab이다.

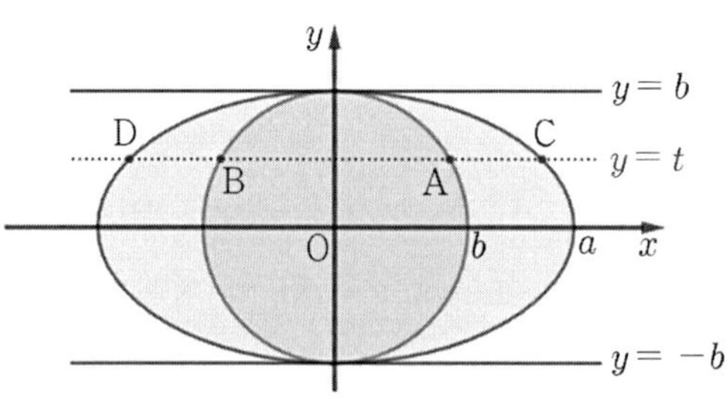

[그림 10.6] 타원과 원

1. Archimedes의 구적법

Cavalieri의 **구적 공식**으로 알려진 것은, 지금의 정적분의 형식으로 적으면

$$\int_0^a x^n\,dx = \frac{1}{n+1}a^{n+1} \quad (n \geq 0)$$

이다. Cavalieri는 Archimedes의 결과를 연구하는 과정에서 굽어있는 대상의 넓이를 계산할 수 있는 방법을 연구하게 되었다고 전해진다. Archimedes의 결과라고 하는 것은 '포물선과 직선으로 둘러싸인 영역의 넓이는 그 영역에 내접하는 삼각형의 넓이의 4/3'이다. 9강에서 우리가 공부한 내용 중 하나가 '곡선과 직선으로 둘러싸인 영역의 넓이'이었다. 따라서 우리는 이미 Archimedes의 결과는 알고 있는 셈이다. 그러므로 이 절에서는 나머지 부분인 '그 영역에 내접하는 삼각형의 넓이의 4/3'에 대하여 살펴보고 그 속에 숨어있지만 살아 숨 쉬고 있는 Archimedes의 아이디어에 대하여 학습하기로 하자.

▌정리 10.4▐ [평균값 정리] 함수 $f(x)$가 구간 $[a, b]$에서 연속이고, 구간 (a, b)에서 미분가능일 때,

$$\frac{f(b)-f(a)}{b-a} = f'(c)$$

를 만족하는 $c \in (a, b)$가 존재한다.

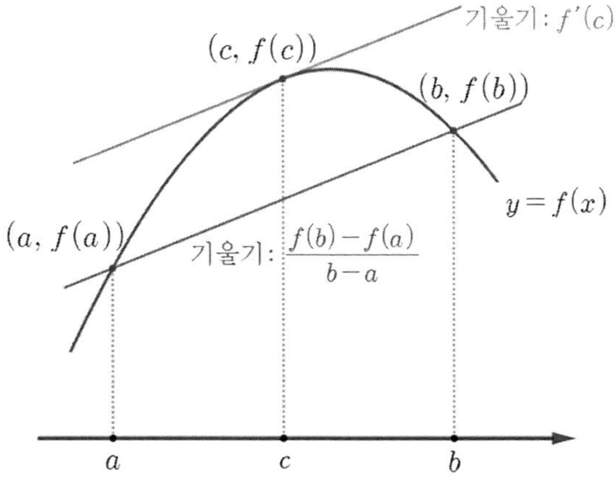

[그림 10.7] 평균값 정리의 기하학적 의미

정리 10.4 평균값 정리의 기하학적인 의미를 살펴보면 미분가능한 함수의 그래프에서는 두 점 $(a, f(a))$와 $(b, f(b))$를 지나는 직선과 평행한 접선이 하나는 반드시 있다는 뜻이다. 평균값 정리는 전형적인 존재정리이다. 즉 평행한 접선의 존재는 보증하지만, 그 접선이 어디에 있는지에 대한 정보는 제시하지 않는다. 조건을 만족하는 c의 위치를 알고 싶을 때에는 다른 고찰이 필요하다. 그러나 대부분의 경우 c가 존재한다는 사실만으로 여러 가지 유용한 결론을 이끌어 낼 수 있다.

예제 10.5 ▌ 이차함수 $f(x) = px^2 + qx + r$에서 평균값 정리를 적용해 보시오.

[풀이] $f(x) = px^2 + qx + r$에서 $f'(x) = 2px + q$이고, 구간 $[a, b]$에서

$$\frac{f(b) - f(a)}{b - a} = \frac{(pb^2 + qb + r) - (pa^2 + qa + r)}{b - a}$$

$$= p(b + a) + q = 2pc + q$$

이므로 $c = \frac{b+a}{2}$이다. 즉 [그림 10.8]에서처럼 구간 $[a, b]$에서의 평균변화율과 구간 $[a, b]$의 중점에서의 순간변화율이 서로 같다.

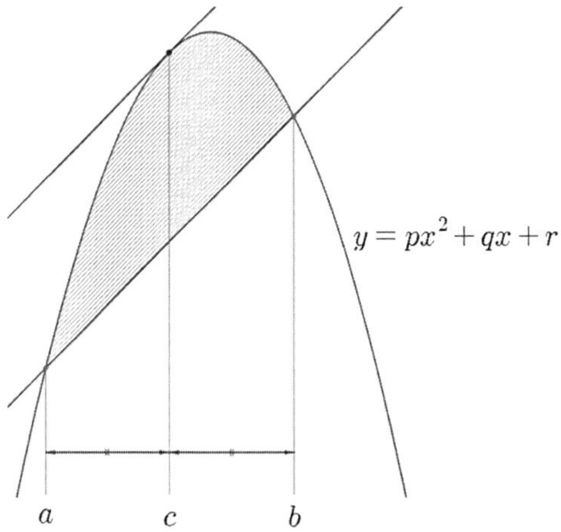

[그림 10.8] 포물선에서의 평균값 정리

일반적으로 이차함수 $y = f(x)$의 그래프에서는 구간 $[a, b]$의 중점에서의 접선이 두 점 $(a, f(a))$와 $(b, f(b))$를 지나는 직선과 평행하다.

포물선이 주어져 있을 때, 우리는 이 포물선의 초점, 꼭짓점, 접선 등을 작도할 수 있는데, 아마도 Archimedes는 이러한 작도를 이용해 넓이를 구했을 것이라 조심스럽게 상상할 수 있다. 왜냐하면 Descartes[1]에 의해 좌표가 도입된 후 이차곡선 $y^2 = 4px$ 또는 $x^2 = 4py$의 형태로 포물선을 정의하지만, Archimedes 당시의 정의는 원뿔곡선 중의 하나 또는 준선과 초점에 이르는 거리가 같은 점의 자취이었기 때문이라 설명할 수 있을 것이다. 포물선(포물면)은 태양의 빛을 반사해서 한 점으로 모으기 때문에 그리스 시대 때부터 parabola로 불리며 많은 연구가 이루어졌다.

▌정리 10.6▐ [Archimedes] 포물선과 직선으로 둘러싸인 영역의 넓이는 그 영역에 내접하는 삼각형의 넓이의 $\frac{4}{3}$이다.

정리 10.6은 [그림 10.9]의 왼쪽에 있는 '포물선과 직선으로 둘러싸인 영역'의 넓이가 [그림 10.9]의 오른쪽에 있는 포물선과 직선으로 둘러싸인 '영역에 내접하는 삼각형'의 넓이의 $\frac{4}{3}$임을 의미한다.

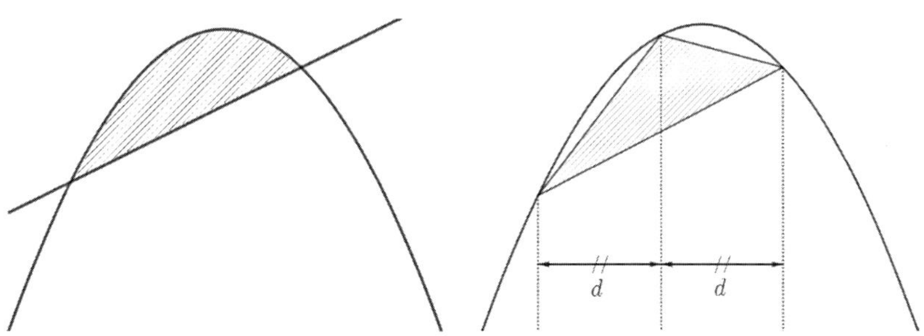

[그림 10.9] Archimedes의 구적법

해석기하학, 즉 프랑스의 수학자 R. Descartes(1596-1650)에 의해 도입된 좌표를 이용하여 Archimedes의 결과인 정리 10.6을 해결해보도록 하자.

1) René Descartes(1596-1650)는 근대 철학의 아버지로, 해석기하학의 창시자로 불린다. 수학사에 큰 획을 그었다고 평가받는 좌표의 도입은 당시의 기하학과 대수학을 하나의 학문 영역으로 파악할 수 있게 하였다. 그리고 명제 'Cogito, ergo sum'는 그가 제창한 것이다. 라틴어 명제인 '코기토 에르고 숨'을 영어로 번역하면 여러분들이 잘 알고 있는 명제 'I think, therefore I am.'이다.

[그림 10.10]에서 주어진 포물선을 $y=f(x)=ax^2+bx+c$, 두 점 B, C를 지나는 직선을 $y=g(x)$, 두 점 A, C를 지나는 직선을 $y=l(x)$라 두고, $f(x)=g(x)$의 해를 각각 α와 $\beta\,(\alpha \le \beta)$라 하자.

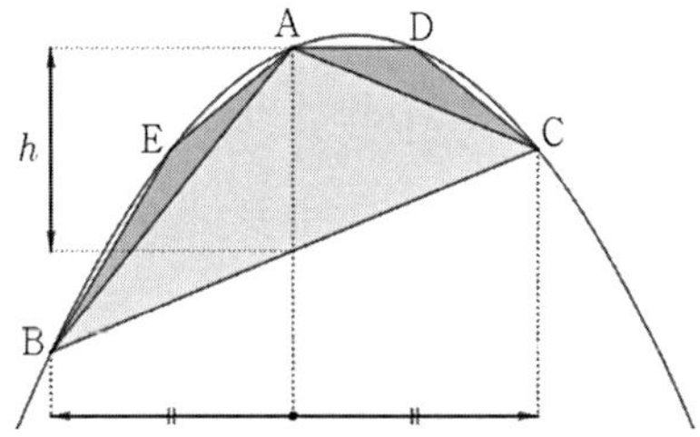

[그림 10.10] Archimedes의 아이디어

[그림 10.11]의 삼각형 ABC에서 h의 길이를 구하기 위해 $u(x)=f(x)-g(x)$라 두면 $u(x)=a(x-\alpha)(x-\beta)$이므로 h의 길이는

$$u\left(\frac{\alpha+\beta}{2}\right) = -a\left(\frac{\beta-\alpha}{2}\right)^2$$

이다. 그리고 [그림 10.11]의 오른쪽 그림의 삼각형 ACD에서 h_1의 길이를 구하기 위해 $v(x)=f(x)-l(x)$라 두면 $v(x)=a\left(x-\frac{\alpha+\beta}{2}\right)(x-\beta)$이므로 h_1의 길이는

$$v\left(\frac{\alpha+3\beta}{4}\right) = -a\left(\frac{\beta-\alpha}{4}\right)^2$$

이다. 따라서 (h의 길이) : (h_1의 길이) $=4:1$이 된다.

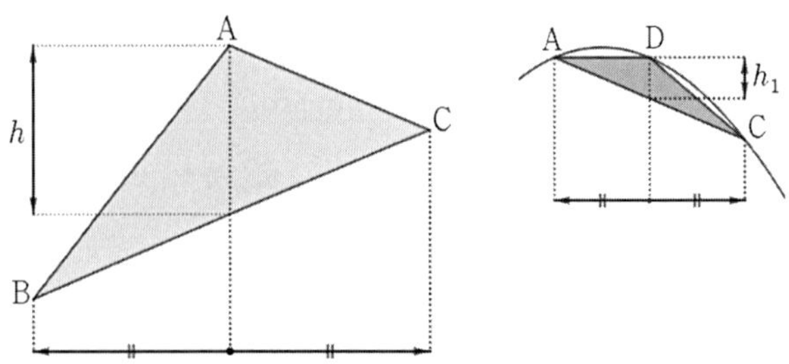

[그림 10.11] Archimedes의 아이디어 1

내접 삼각형인 삼각형 ABC의 넓이를 T라고 하자. 삼각형 ACD의 넓이는 삼각형 ABC의 너비의 $\frac{1}{2}$ 이고 높이는 $\frac{1}{4}$ 이므로 T의 $\frac{1}{8}$ 이다. 같은 방법으로 세 번째 내접 삼각형 4개 중 하나는 삼각형 ACD의 넓이의 $\frac{1}{8}$ 이다. 따라서 T의 $\frac{1}{8^2}$ 이다. 그러므로 같은 방법을 계속 시행하면 구하고자 하는 영역의 넓이 S는

$$\begin{aligned} S &= T + 2 \cdot \frac{T}{8} + 4 \cdot \frac{T}{8^2} + 8 \cdot \frac{T}{8^3} + \cdots \\ &= \left(1 + \frac{1}{4} + \frac{1}{16} + \frac{1}{64} + \cdots\right) T = \frac{4}{3} T \end{aligned}$$

가 된다.

마지막으로 $1 + \frac{1}{4} + \frac{1}{16} + \frac{1}{64} + \cdots = \frac{4}{3}$ 임을 우리는 무한등비급수의 합으로부터 쉽게 계산할 수 있지만, Archimedes는 [그림 10.12]에서처럼 정사각형을 무한히 잘라 계산하였다고 전해진다. 즉, 처음 잘린 정사각형의 넓이 S_1은 주어진 정사각형 넓이의 $\frac{1}{4}$ 이고, 두 번째 잘린 정사각형의 넓이 S_2는 S_1의 $\frac{1}{4}$ 임을 이용해

$$\frac{1}{4} + \frac{1}{16} + \frac{1}{64} + \cdots = \frac{1}{3}$$

임을 증명하였다. 이상을 정리하면 '포물선과 직선으로 이루어진 영역의 넓이는 그 영역에 내접하는 삼각형의 넓이의 4/3'임을 알 수 있다.

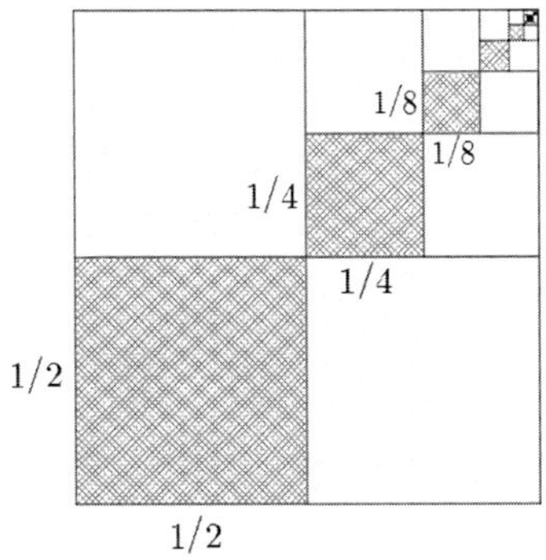

[그림 10.12] Archimedes의 아이디어 2

다음의 간단한 예제를 통해 여러분이 직접 확인해 보기를 바란다.

예제 10.7 ▌ 포물선 $y=\frac{1}{2}x^2$과 직선 $y=x+4$로 둘러싸인 영역의 넓이는 그 영역에 내접하는 삼각형 넓이의 $4/3$이다.

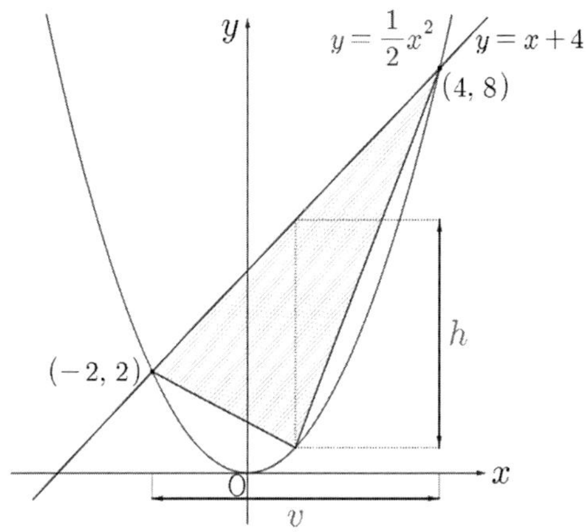

[그림 10.13] Archimedes의 아이디어 적용

[풀이] 포물선과 직선은 $(-2, 2)$와 $(4, 8)$에서 만난다. 영역을 정적분을 사용해 넓이를 구해 보면 다음과 같다.

$$\int_{-2}^{4}\left(x+4-\frac{1}{2}x^2\right)dx=\frac{(4-(-2))^3}{12}=18$$

[그림 10.16]에서 내접하는 삼각형의 넓이는 $6\cdot\frac{9}{2}\cdot\frac{1}{2}=\frac{27}{2}$이다. 놀랍다.

Archimedes는 주어진 영역을 무한히 많은 삼각형으로 분해했을지도 모른다고 생각할 수도 있으나, 사실 그는 유한 번 분해하였다. 당시 무한의 개념도 없었고 실제로도 그는 부분합을 계산하여 귀류법으로 증명한 것이다. 설명을 조금 더 덧붙여 보자. 내접 삼각형의 넓이의 합을 순서대로 T_1, T_2, $\cdots$, T_n이라 하자. 그의 귀류법의 논법을 현대적 수식을 사용해 간단하게 정리하면 다음과 같다.2)

$$T_1+T_2+T_3+\cdots+T_n+\frac{1}{3}T_n=\frac{4}{3}T_1$$

2) 우리는 좌변의 마지막 항 $T_n/3$에 주목해야 한다. 이 항을 추가함으로써 좌변의 합이 $(4T_n)/3$이 된다. 등비수열의 합을 이용하면 고등학생도 증명할 수 있다. 해 보시라.

주어진 영역의 넓이를 A, 주어진 영역을 삼각형으로 분해하고 남은 부분의 넓이를 R, 내접 삼각형으로 분해한 넓이를 $T = T_1 + T_2 + \cdots + T_n$라 하자.

i) $A > \frac{4}{3}T_1$이라고 가정하자. 이때 R은 $R < A - \frac{4}{3}T_1$이 되도록 할 수 있다.

그러면 $R = A - T < A - \frac{4}{3}T_1$이다. 즉 $T > \frac{4}{3}T_1$임을 나타낸다. 모순이다.

(이 내용은 참고 10.8에서 확인하도록 하자.)

ii) $A < \frac{4}{3}T_1$이라 가정하자. $\frac{4}{3}T_1 - A > T_n$이면 $\frac{4}{3}T_1 - T = \frac{1}{3}T_n < T_n$이다.

즉 $A < T$임을 나타낸다. 모순이다.

따라서 $A = \frac{4}{3}T_1$임이 증명되었다.[3)]

참고 10.8

[그림 10.14]에서 주어진 간단한 경우를 통해 그 의미만 파악해 보자. 주어진 영역은 $\overline{AB}$와 포물선으로 둘러싸인 영역이라 하고 넓이를 S라 하자. 여기서 내접 삼각형인 삼각형 ABC를 작도하자. 그리고 점 C를 지나는 포물선의 접선을 긋고, 직사각형 ABED (일반적으로는 평행사변형)를 작도하면 삼각형 ABC의 넓이는 이 직사각형 넓이의 반이다. 따라서

$$S/2 < \triangle ABC \text{의 넓이}$$

가 성립한다. 즉, 내접 삼각형의 넓이는 주어진 영역의 반보다 크다. 이는 주어진 영역의 반 이상을 계속 빼 가면 남은 양을 얼마든지 작게 할 수 있다는 의미이다.

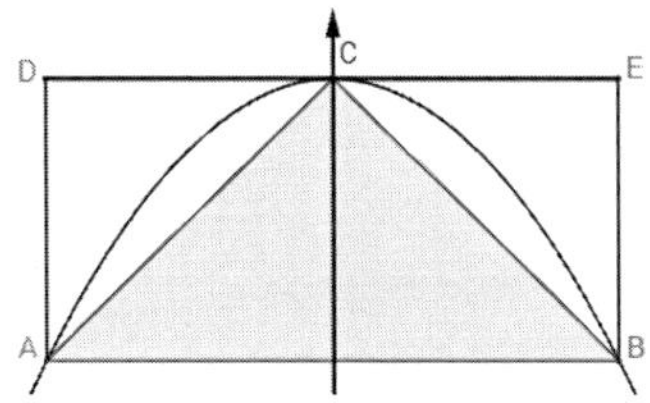

[그림 10.14] 아이디어의 적용

3) 고대 수학의 고갈법 중 가장 정교한 방법으로 불리는 Archimedes의 방법은 Cavalieri의 구적법에 의해 계승되었다. 중세 유럽의 구적법은 넓이 계산을 의미했기 때문에 대부분의 경우 불가분량이 사용되었다. 이 방법은 고대의 것보다 조금은 덜 엄밀했지만, 더 간단하고 강력한 방법이었다.

2. Doodle

중세에 등장한 구적법 중에 Archimedes의 구적법을 계승한 최초의 업적은 독일의 천체물리학자인 유명한 J. Kepler(1571-1630)의 '포도주통의 새로운 계량법'이라는 책에 나타난다. 재미난 제목의 이 책이 17세기 적분학의 기초가 된다.

1) Wallis의 구적법

John Wallis(1616-1703)은 영국의 수학자이다. 그는 무한대 기호 ∞를 소개한 것으로 기록되어있다. Wallis는 삼각법, 미적분학, 기하학 및 무한급수 등에 크게 기여한 인물이다. 연분수의 용어도 도입하였으며, 논문 '무한산술'에서 Descartes와 Cavalieri의 방법을 체계화하였다. 그리고 지수의 표기법을 개발하여 자연수에서 유리수로 확장하였다. 즉, $x^0 = 1$, $x^{-1} = \dfrac{1}{x}$, $x^{2/3} = \sqrt[3]{x^2}$ 등은 그의 작품이다. 각설하고.

Wallis는 Cavalieri의 아이디어를 대수적으로 생각하여 수식화하였다. 여기에서는 그가 연구한 것 중에서 '$y = x^2$과 x축, 직선 $x = 1$로 둘러싸인 영역의 넓이'를 예로 하여 그의 방법에 대하여 고찰해 보자.

[그림 10.15]에서처럼 영역을 n개의 선분으로 채워보자.

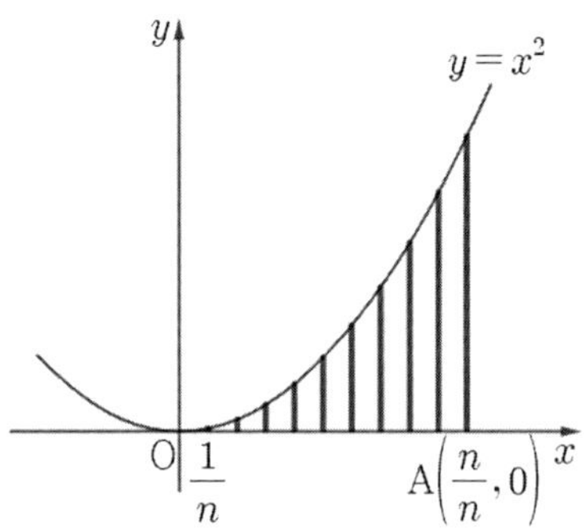

[그림 10.15] Wallis의 아이디어

Wallis는 Cavalieri의 방법인 '선분(의 길이)을 모아서 만든 것이 영역(의 넓이)'으로 생각해 n개의 선분의 길이로부터 다음과 같이 교묘하게 넓이를 구하였다. '교묘하게' 이렇게 밖에 표현할 수가 없다.

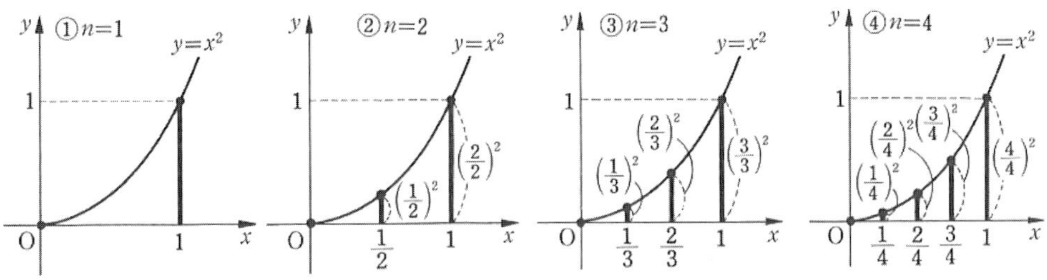

[그림 10.16] Wallis의 구적법

① $n=1$ 일 때

$$\frac{\left(\frac{0}{1}\right)^2+\left(\frac{1}{1}\right)^2}{1+1}=\frac{0^2+1^2}{1^2+1^2}=\frac{1}{2}=\frac{1}{3}+\frac{1}{6}$$

② $n=2$ 일 때

$$\frac{\left(\frac{0}{2}\right)^2+\left(\frac{1}{2}\right)^2+\left(\frac{2}{2}\right)^2}{1+1+1}=\frac{0^2+1^2+2^2}{2^2+2^2+2^2}=\frac{5}{12}=\frac{1}{3}+\frac{1}{12}$$

③ $n=3$ 일 때

$$\frac{\left(\frac{0}{3}\right)^2+\left(\frac{1}{3}\right)^2+\left(\frac{2}{3}\right)^2+\left(\frac{3}{3}\right)^2}{1+1+1+1}=\frac{0^2+1^2+2^2+3^2}{3^2+3^2+3^2+3^2}=\frac{7}{18}=\frac{1}{3}+\frac{1}{18}$$

④ $n=4$ 일 때

$$\frac{\left(\frac{0}{4}\right)^2+\left(\frac{1}{4}\right)^2+\left(\frac{2}{4}\right)^2+\left(\frac{3}{4}\right)^2+\left(\frac{4}{4}\right)^2}{1+1+1+1+1}=\frac{0^2+1^2+2^2+3^2+4^2}{4^2+4^2+4^2+4^2+4^2}=\frac{3}{8}=\frac{1}{3}+\frac{1}{24}$$

같은 방법으로 선분의 개수를 증가시켜 n 개의 선분으로 넓이를 근사하면

$$\frac{\left(\frac{0}{n}\right)^2+\left(\frac{1}{n}\right)^2+\cdots+\left(\frac{n}{n}\right)^2}{1+1+\cdots+1}=\frac{0^2+1^2+\cdots+n^2}{n^2+n^2+\cdots+n^2}=\frac{2n+1}{6n}=\frac{1}{3}+\frac{1}{6n}$$

이 되므로 $\frac{1}{3}$에 다가감을 알 수 있다. 실제로 $\int_0^1 x^2dx=\frac{1}{3}$과 일치한다.

3. 포물선-부록

평면기하학에서 **포물선**(抛物線, parabola)이란, 평면 위의 한 정점 F와 점 F를 지나지 않는 직선 l이 주어졌을 때, 점 F와 직선 l에 이르는 거리가 같은 점들의 집합을 말한다. 이때, 정점 F를 포물선의 **초점**(焦點, focus), 주어진 직선 l을 포물선의 **준선**(準線, directrix)이라고 한다. 그리고 포물선의 초점 F를 지나고 준선 l에 수직인 직선을 포물선의 **축**(axis), 포물선과 그 축의 교점을 포물선의 **꼭짓점**(vertex)이라고 부른다.

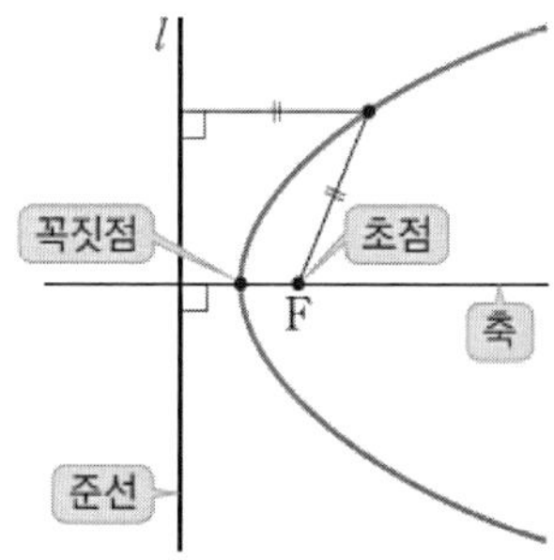

[그림 10.17] 정의와 명칭

포물선의 꼭짓점이 원점인 포물선의 방정식의 **표준형**을 구해보자. 실수 $p\,(\neq 0)$에 대하여 y축 위의 한 점 $\mathrm{F}(0, p)$을 초점, 직선 $y = -p$를 준선으로 하는 방정식을 구하면 된다. 포물선 위의 점 $\mathrm{P}(x, y)$에서 준선 $y = -p$에 내린 수선의 발을 H라 하면 점 H의 좌표는 $(x, -p)$이다. 포물선의 정의에 의하여 $\overline{\mathrm{PH}} = \overline{\mathrm{PF}}$로부터

$$|y-(-p)| = \sqrt{x^2+(y-p)^2}$$

이다. 이 식의 양변을 제곱하여 정리하면 포물선의 방정식 $x^2 = 4py$을 얻는다.

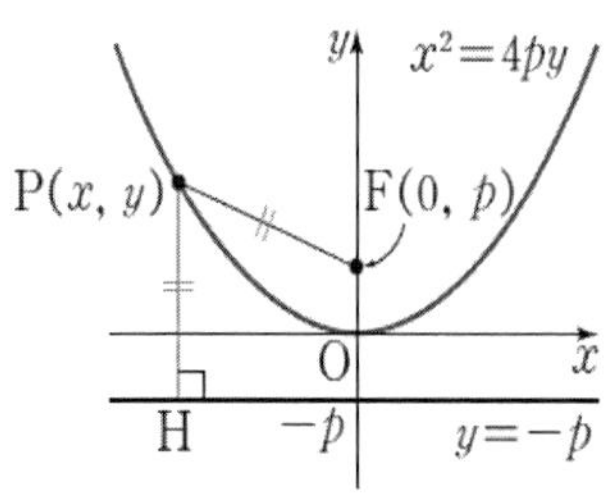

$p > 0$

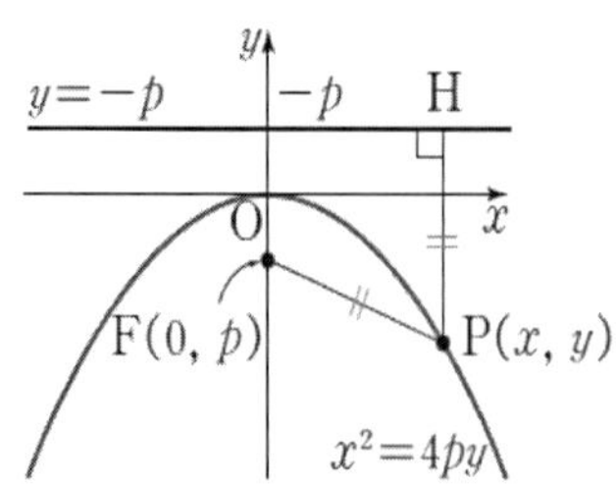

$p < 0$

포물선의 방정식 $x^2 = 4py$를 변형하면 $y = \frac{1}{4p}x^2$이므로 이 포물선은 이차함수 $y = \frac{1}{4p}x^2$의 그래프와 같다. 예를 들어 초점이 $F\left(0, \frac{1}{4}\right)$이고 준선이 $y = -\frac{1}{4}$인 포물선의 방정식은 $x^2 = y$이므로 이 포물선은 이차함수 $y = x^2$의 그래프와 같다.

물론 같은 방법으로 초점을 $F(p, 0)$, 준선을 $x = -p$로 하는 포물선의 방정식은

$$y^2 = 4px$$

임도 알 수 있다.

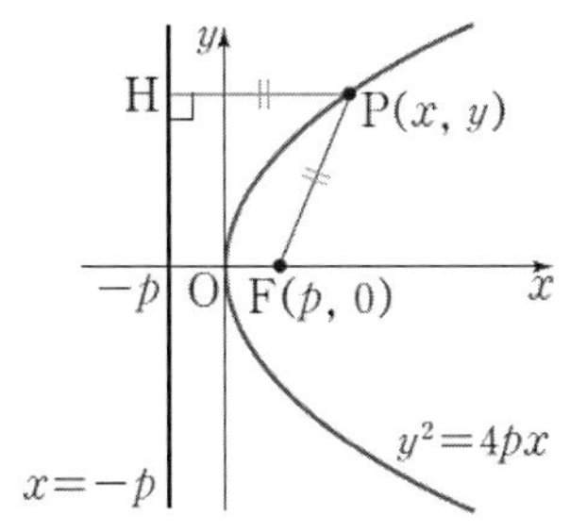

$p > 0$

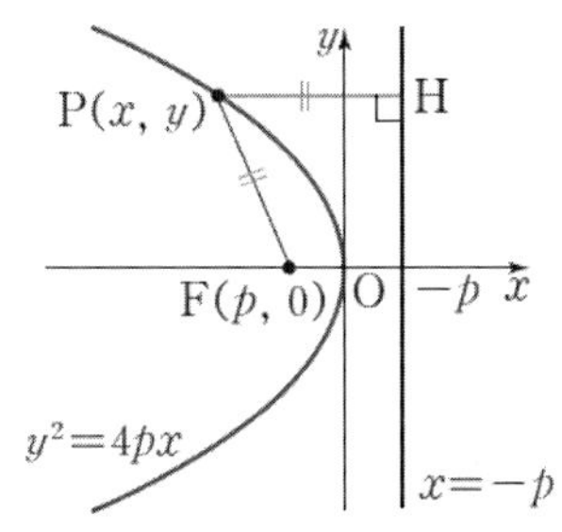

$p < 0$

예제 10.9 포물선의 초점의 좌표와 준선의 방정식을 구하고 그래프를 그리시오.

1) $x^2 = -4y$ 2) $y^2 = x$

[풀이] 1) $x^2 = -4y$에서 $p = -1$이다. 따라서 초점의 좌표는 $(0, -1)$이고, 준선의 방정식은 $y = 1$이다. 그래프는 아래와 같다.

2) $y^2 = x$에서 $p = 1/4$이다. 따라서 초점의 좌표는 $(1/4, 0)$이고, 준선의 방정식은 $x = -1/4$이다. 그래프는 아래와 같다.

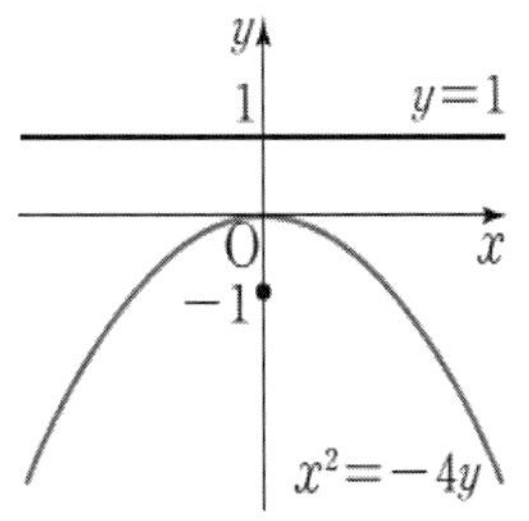

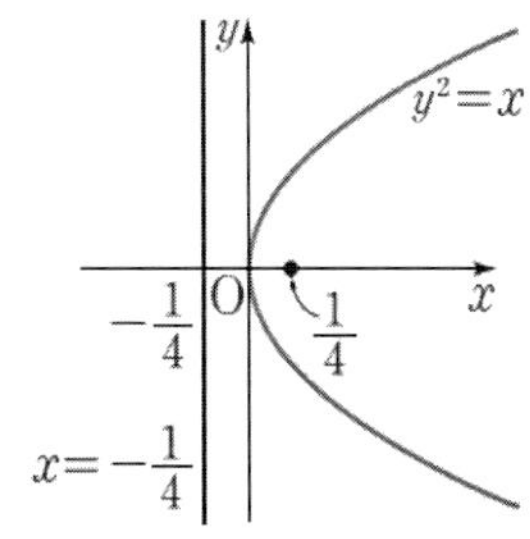

▶▶ 연습문제 10

1. 포물선 $x^2 = -16y$ 의 초점의 좌표와 준선의 방정식을 구하고 그래프를 그리시오.

2. 포물선 $y^2 = -8x$ 의 초점의 좌표와 준선의 방정식을 구하고 그래프를 그리시오.

3. 포물선 $y^2 - 4x - 4y = 0$ 의 초점의 좌표, 준선의 방정식을 구하고 그래프를 그리시오.

4. [그림 10.18]에서처럼 포물선 $y^2 = 4x$ 와 두 점 $\mathrm{A}(4, 2)$, $\mathrm{F}(1, 0)$ 이 있다. 점 P 가 이 포물선 위를 움직일 때, $\overline{\mathrm{PF}} + \overline{\mathrm{PA}}$ 가 최소가 되는 점 P 의 좌표를 구하시오.

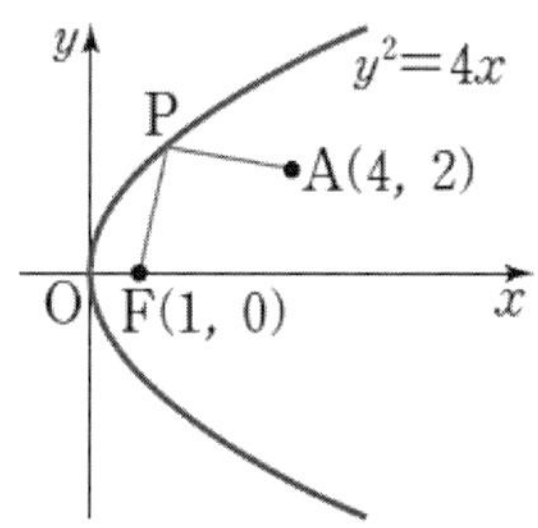

[그림 10.18]

5. [그림 10.19]에서처럼 포물선의 초점 F 를 지나는 직선이 포물선과 만나는 점을 각각 P, Q 라 하고, 두 점 P, Q 에서 준선 l 에 내린 수선의 발을 H, H′이라고 하자. $\overline{\mathrm{PQ}} = 12$, $\overline{\mathrm{HH'}} = 11$ 일 때, 사각형 HH′QP 의 넓이를 구하시오.

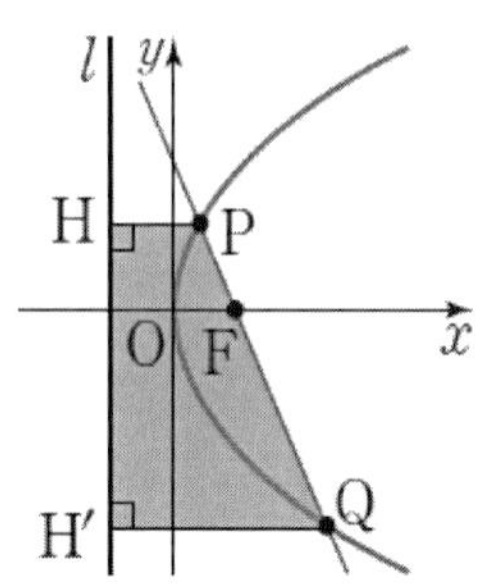

[그림 10.19]

6. [그림 10.20]에서처럼 포물선 $y^2 = 8x$ 위의 한 점 $\mathrm{P}(4, a)$와 초점 F를 지나는 직선이 포물선과 만나는 점을 Q라 하고, 두 점 P, Q에서 준선 l에 내린 수선의 발을 각각 H, H′이라고 하자. 이때 삼각형 PHF와 삼각형 FH′Q의 넓이의 합을 구하시오.

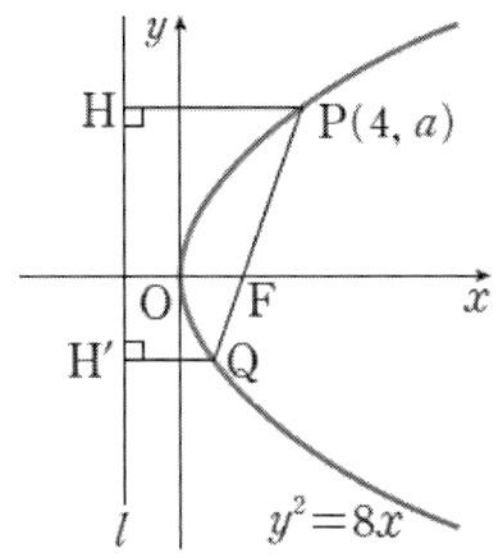

[그림 10.20]

7. 자동차 전조등의 단면은 포물선 모양이므로, 포물선의 초점에 있는 전구의 빛은 포물선에 반사되어 축에 평행한 방향으로 나아간다.[4] [그림 10.21]과 같은 포물선 모양의 자동차 전조등에는 포물선의 초점에 전구가 있다. 이 포물선의 꼭짓점과 전구 사이의 거리를 x cm라 할 때, x의 값을 구하시오.

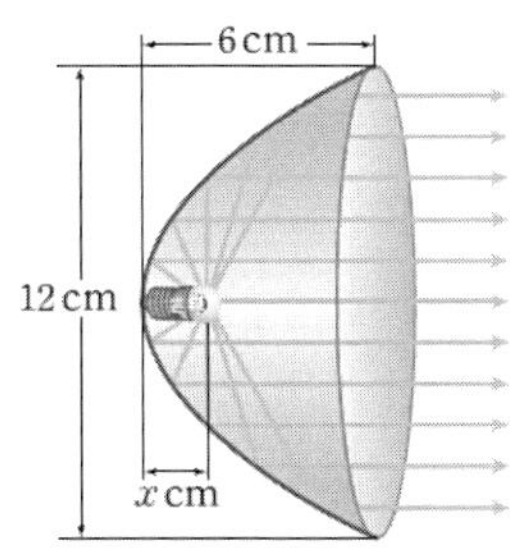

[그림 10.21]

4) 어두운 밤길을 밝혀주는 자동차의 전조등은 안전 운전에 필수적인 요소이다. 전조등이 비추는 범위와 밝기를 생각하면 매우 큰 전구가 사용될 것 같지만, 실제로는 지름의 길이가 2㎝도 안 되는 작은 전구가 이런 일을 해낸다. 여기에는 전구의 빛을 반사하여 앞으로 보내는 반사경이 중요한 구실을 하는데, 이 반사경은 작은 전구에서 나온 빛이 퍼져 나가지 않고 앞으로 곧게 나가도록 한다. 손전등의 반사경도 똑 같은 원리이다. 한편, '파라볼라 안테나'라고도 하는 움푹한 접시 모양의 위성 안테나는 포물선을 안테나의 축을 중심으로 회전시킨 모양으로 되어 있다. 전파가 위성 안테나의 축에 평행하게 들어온다면 모두 특정한 지점에 모이게 되므로 인공위성에서 날아온 전파가 약하더라도 효율적으로 모을 수 있다. 태양열 발전소 역시 위성 안테나 모양의 거울을 이용하여 태양열을 모아 전기를 만든다. 집음기도 똑 같은 원리이다. 이 모두가 포물선(포물면)과 관련이 있다. 집음기(集音機)는 야외에서 경기하는 스포츠에서 선수들의 소리, 숲속에서 지저귀는 새들의 소리, 방송에서의 약한 소리 등을 모으는 장치를 말한다.

부록 1

해답

▶▶ 제1강

연습문제 1

1. 1) $\theta = \frac{3}{4}\pi$ 2) $r = a$ 3) $r = \frac{a\cos^2\theta}{\sin^3\theta}$

2. 1) $y = -x$ 2) $x = a$ 3) $y = x^2$

▶▶ 제2강

문제 2.3

1) $45° = 360° \times n + 45°$ 2) $420° = 360° \times n + 60°$ 3) $-330° = 360° \times n + 30°$

문제 2.6

60분법	30°	45°	60°	90°	135°	300°	360°
호도법	$\frac{\pi}{6}$	$\frac{\pi}{4}$	$\frac{\pi}{3}$	$\frac{\pi}{2}$	$\frac{3}{4}\pi$	$\frac{5}{3}\pi$	2π

연습문제 2

1. 생략

2. 1) $\frac{\pi}{4}$ 2) $\frac{2}{3}\pi$ 3) $150°$ 4) $2n\pi + \frac{5}{6}\pi$ 5) $240°$ 6) $\frac{5}{3}\pi$

3. 1) $2n\pi + \frac{\pi}{3}$ 2) $2n\pi + \frac{5}{6}\pi$ 3) $2n\pi + \frac{\pi}{2}$

▶▶ 제3강

문제 3.2 1) $\sin\theta = -3/5$, $\cos\theta = -4/5$, $\tan\theta = 3/4$.

문제 3.6 $a = b$인 이등변삼각형

문제 3.9 $a=b$인 이등변삼각형 또는 C $=90°$인 직각삼각형

연습문제 3

1. 그림과 같이 $\theta=\frac{3}{4}\pi$가 나타내는 동경과 원점 O를 중심으로 하고 반지름의 길이가 1인 원의 교점을 P, 점 P에서 x축에 내린 수선의 발을 P′이라 하자. $\angle POP'=\frac{\pi}{4}$이므로 점 P의 좌표는 $\left(-\frac{\sqrt{2}}{2}, \frac{\sqrt{2}}{2}\right)$이다. 이때 $\overline{OP}=1$이므로 삼각함수의 정의에 의하여

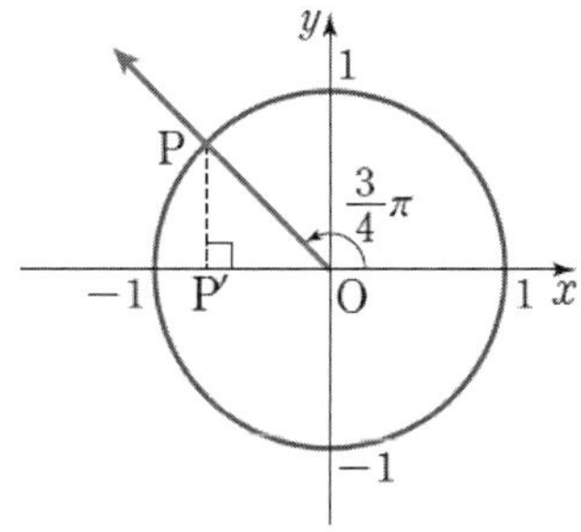

$\sin\frac{3}{4}\pi=\frac{\sqrt{2}}{2}$, $\cos\frac{3}{4}\pi=-\frac{\sqrt{2}}{2}$, $\tan\frac{3}{4}\pi=-1$.

2. 1) $\sin^2\theta+\cos^2\theta=1$의 양변을 $\cos^2\theta(\neq 0)$로 나누면 $\frac{\sin^2\theta}{\cos^2\theta}+1=\frac{1}{\cos^2\theta}$.

   이때 $\frac{\sin\theta}{\cos\theta}=\tan\theta$이고 $\frac{1}{\cos\theta}=\sec\theta$이므로 $\tan^2\theta+1=\sec^2\theta$.

   2) $\sin^2\theta+\cos^2\theta=1$의 양변을 $\sin^2\theta(\neq 0)$로 나누면 $1+\frac{\cos^2\theta}{\sin^2\theta}=\frac{1}{\sin^2\theta}$.

   이때 $\frac{\cos\theta}{\sin\theta}=\cot\theta$이고 $\frac{1}{\sin\theta}=\csc\theta$이므로 $1+\cot^2\theta=\csc^2\theta$.

3. C $=105°$

4. sine법칙에서 $\frac{a}{\sin 60°}=\frac{b}{\sin 45°}=2$. 따라서 $a=\sqrt{3}$, $b=\sqrt{2}$.

   그러므로 $\overline{AB}=b\cos A+a\cos B=\sqrt{2}\cos 60°+\sqrt{3}\cos 45°=\frac{\sqrt{2}+\sqrt{6}}{2}$

5. A : B : C $=3:4:5$에서 A $=45°$, B $=60°$.

   따라서 sine법칙으로부터 $\frac{2}{\sin 45°}=\frac{b}{\sin 60°}$. 그러므로 $\overline{AC}=b=\sqrt{6}$.

6. $\sin^2 A=1-\cos^2 A=1-\frac{1}{3}=\frac{2}{3}$이다. 따라서 $\sin A=\sqrt{\frac{2}{3}}$이다.

   $2R=\frac{a}{\sin A}=2\times\sqrt{\frac{3}{2}}=\sqrt{6}$이므로 외접원의 반지름의 길이는 $\frac{\sqrt{6}}{2}$이다.

▶▶ 제4강

연습문제 4

1. $x^2+y^2-2y=0$에서 $x^2+(y-1)^2=1$이다. 즉, 중심이 $C(0,\ 1)$이고, 반지름의 길이가 1인 원이다. 그림과 같이 직선이 원에 의하여 잘린 선분을 $\overline{PQ}$라 하자. 원의 중심 $C(0,\ 1)$에서 선분 $\overline{PQ}$에 내린 수선의 발을 M이라 하면 $\triangle CMP$에서 $\overline{CM}^2+\overline{MP}^2=\overline{CP}^2$이다.

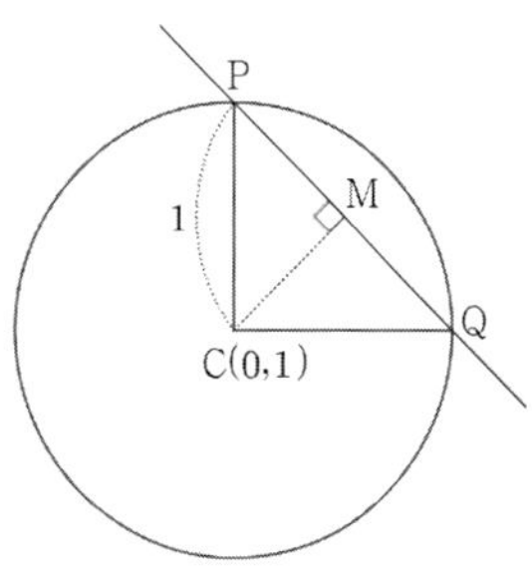

   한편, $\overline{MP}=\frac{1}{2}\times\overline{PQ}=\frac{\sqrt{2}}{2}$이므로 $\overline{CM}=\frac{\sqrt{2}}{2}$이다.

   $\overline{CM}$는 $\overline{CM}=\frac{|1-m|}{\sqrt{m^2+1}}=\frac{\sqrt{2}}{2}$이므로 $m^2+1=2(1-2m)^2$로부터 $m=\frac{1}{7},\ 1$.

2. $m=\frac{1}{2}$

3. 그림에서와 같이 두 점 O, P를 지나는 직선은 직선 $3x-4y-32=0$와 서로 수직이므로 두 점 O, P를 지나는 직선의 방정식은 $y=-\frac{4}{3}x$. 이 직선과 원 $x^2+y^2=25$의 교점의 x좌표는 $x=\pm 3$이다. 따라서 $P(3,\ -4)$이고 그 때의 수선의 길이는 $\frac{7}{5}$이다.

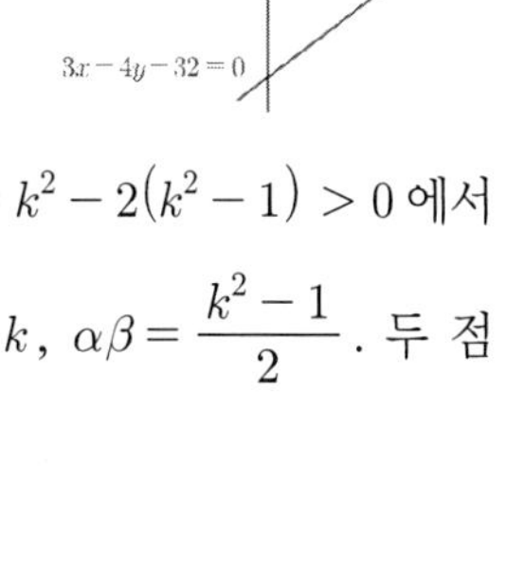

4. $1-x^2=(x-k)^2$는 서로 다른 두 실근을 가져야 하므로 $D=k^2-2(k^2-1)>0$에서 $k^2<0$. $1-x^2=(x-k)^2$의 두 근을 α, β라 하면 $\alpha+\beta=k$, $\alpha\beta=\frac{k^2-1}{2}$. 두 점 P, Q의 좌표는 $(\alpha,\ 1-\alpha^2)$, $(\beta,\ 1-\beta^2)$이므로

$$\begin{aligned}\overline{PQ}^2&=(\alpha-\beta)^2+\{(1-\alpha^2)-(1-\beta^2)\}^2\\&=(2-k^2)(1+k^2)\end{aligned}$$

   그러므로

$$\overline{PQ} = \sqrt{(2-k^2)(1+k^2)} \le \frac{(2-k^2)+(1+k^2)}{2} = \frac{3}{2}.$$

단, 등호는 $k^2 = \frac{1}{2}$ 일 때 성립. 따라서 선분 PQ 의 길이의 최댓값은 $\frac{3}{2}$ 이다.

5. 구하는 점이 x축 위의 점이므로 $P(x, 0, 0)$라 두면

$$\overline{AP}^2 = (x-1)^2+(0-1)^2+(0+2)^2 = x^2-2x+6,\ \overline{BP}^2 = x^2-4x+20$$

이다. 따라서 $\overline{AP}^2 = \overline{BP}^2$ 로부터 점 P 의 좌표는 $(7, 0, 0)$이다.

6. $f(x)=x^3+3x^2-9x-2$ 에서 $f'(x)=3x^2+6x-9$ 이다. 함수 $y=f(x)$의 그래프 위의 점 $P(a, f(a))$에서의 접선 l_1과 점 $Q(a+2, f(a+2))$에서의 접선 l_2가 서로 평행하므로 두 접선 l_1, l_2의 기울기가 서로 같다. 즉, $f'(a)=f'(a+2)$이므로

$$3a^2+6a-9 = 3(a+2)^2+6(a+2)-9$$

로부터 $a=-2$이다. 따라서 두 접점의 좌표는 $P(-2, 20)$, $Q(0, -2)$이다. $f'(-2)=-9$이므로 점 $P(-2, 20)$에서의 접선 l_1의 방정식은 $y=-9x+2$이다. 그러므로 점 $Q(0, -2)$와 직선 $9x+y-2=0$ 사이의 거리 d는 다음과 같다.

$$d = \frac{|-2-2|}{\sqrt{9^2+1^2}} = \frac{4}{\sqrt{82}} = \frac{2\sqrt{82}}{41}$$

7. $P(x, y)$라 하면

$$\begin{aligned}
&\overline{PA}^2+\overline{PB}^2+\overline{PC}^2 \\
&= (x-4)^2+(y-1)^2+(x+1)^2+y^2+(x-3)^2+(y-2)^2 \\
&= 3x^2-12x+3y^2-6y+31 \\
&= 3(x-2)^2+3(y-1)^2+16
\end{aligned}$$

따라서 $x=2$, $y=1$일 때 최소이므로 점 P 의 좌표는 $(2, 1)$이다.
이 때 $P(2, 1)$은 삼각형 ABC 의 무게중심이다.

8. 직육면체의 가로의 길이를 x, 세로의 길이를 y 높이를 z라 하면

$$\sqrt{x^2+y^2+z^2} = 14, \qquad 4(x+y+z) = 88$$

이다. 이때 겉넓이를 S라 하면

$$\begin{aligned} S &= 2(xy+yz+zx) \\ &= (x+y+z)^2-(x^2+y^2+z^2) \\ &= 22^2-14^2=(22+14)(22-14)=288 \end{aligned}$$

9. 정오각형 ABCDE에서 $\overline{AB} : \overline{AC} = \overline{AF} : \overline{AB}$이다. $\angle CBF = \angle CFB$에서 $\overline{CB} = \overline{CF}$이므로 $\overline{AC} = x$라 하면 $1 : x = (x-1) : 1$이 성립한다. 따라서 $x^2-x-1=0$으로부터 정오각형의 대각선의 길이는 $\dfrac{1+\sqrt{5}}{2}$이다. 정오각형에서 한 변의 길이와 대각선의 길이의 비는 $1 : \dfrac{1+\sqrt{5}}{2}$이다. 이 비를 우리는 황금비(golden ratio)라 부른다.

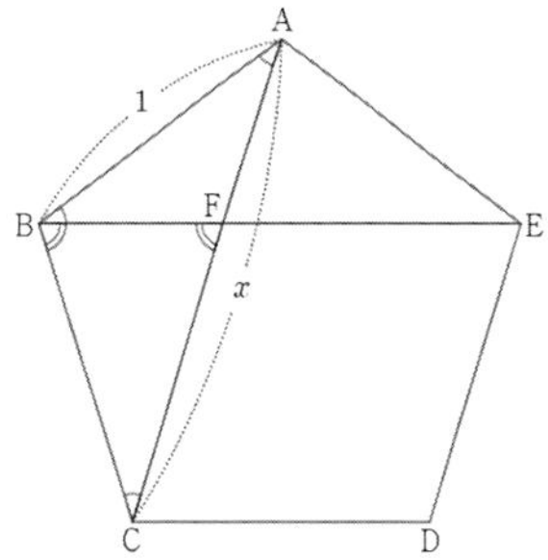

10. $5\sqrt{19}$

11. 조건의 영역은 그림의 빗금 친 부분이다. 한편, $x^2+y^2=k$라 하면 중심의 좌표가 원점이고 반지름의 길이가 $\sqrt{k}$인 원이므로 최댓값은 점 C(2, 3)을 지날 때이고, 그 값은 $2^2+3^2=13$이다. 최솟값은 원이 직선 AB와 접할 때이다. 직선 AB의 방정식이 $2x+y-2=0$이므로 원점에서 이 직선까지의 거리는 $\dfrac{2}{\sqrt{5}}$이므로 최솟값은 $\dfrac{4}{5}$이다.

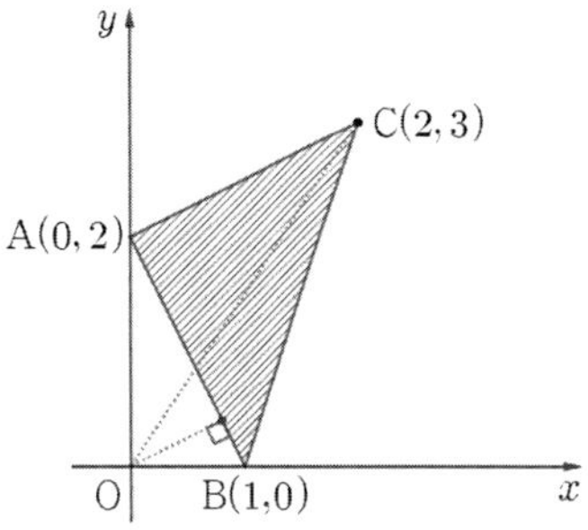

12. $x^2+y^2+4x+2y=k$라 두면 $(x+2)^2+(y+1)^2=k+5$이다. 중심의 좌표가 $(-2,\ -1)$, 반지름의 길이가 $\sqrt{k+5}$인 원이다. 그림에서처럼 점 $(-2,\ -1)$에서 직선 $x+2y-3=0$까지의 거리는 $\sqrt{k+5}$일 때 최소. 따라서 $\dfrac{|-2-2-3|}{\sqrt{5}} = \sqrt{k+5}$에서 $k=\dfrac{24}{5}$이다.

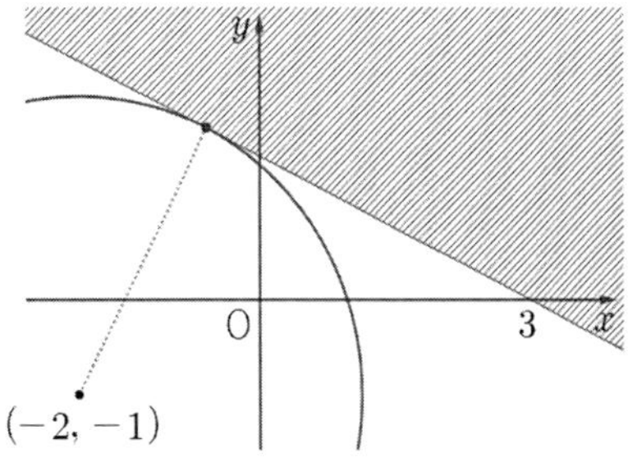

13. 그림에서처럼 꼭짓점 B에서 $\overline{AC}$에 내린 수선의 발을 H라 하고, $\overline{CP} = x$라 하면 $\overline{PH}^2 = (1-x)^2$이다.

$$\overline{BP}^2 = \overline{BH}^2 + \overline{PH}^2 = (\sqrt{3})^2 + (1-x)^2 = x^2 - 2x + 4$$

이므로

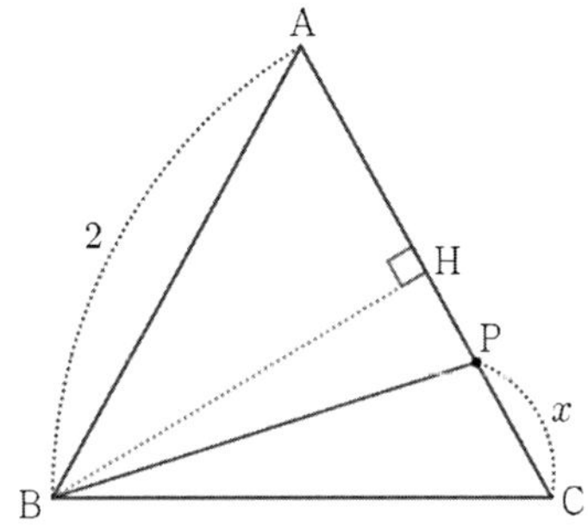

$$\begin{aligned}\overline{BP}^2 + \overline{CP}^2 &= x^2 - 2x + 4 + x^2 \\ &= 2x^2 - 2x + 4 \\ &= 2\left(x - \frac{1}{2}\right)^2 + \frac{7}{2}\end{aligned}$$

이다. 따라서 $\overline{CP} = \frac{1}{2}$일 때 최솟값 $\frac{7}{2}$이다.

▶▶ 제5강

연습문제 5

1. 둔각삼각형을 그려 보라는 질문을 받았다면 여러분은 어떤 도형을 그릴까? 아마도 [그림 1]과 같이 그릴 것이다. 누구도 둔각삼각형을 이렇게 정형화하지는 않았지만, 대부분 이 모양이 익숙해서 이렇게 그리는 것이라고 할 수 있을 것이다. 초등학교 학생들에게 둔각삼각형을 그리라고 해도 우리와 마찬가지로 대부분 [그림 1]과 같이 그릴 수도 있다. 이 경우, [그림 2]와 같이 직사각형으로 변형을 한다면 이 직사각형의 넓이의 반이 삼각형의 넓이가 되지 않는다.

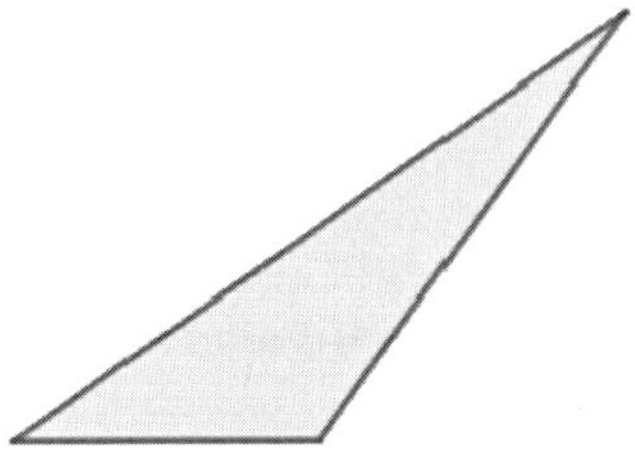

[그림 1] 둔각삼각형의 예

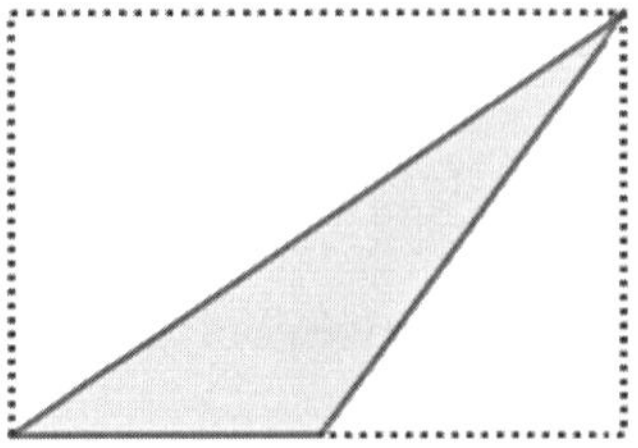

[그림 2] 둔각삼각형의 변형

반드시 위의 이유만이 타당한 이유인 것은 아니다. 이 문항은 교사가 될 여러분에게 생각의 거리를 제공한 것에 불과함을 말해 둔다.

교재의 내용으로 이를 정리하려면 둔각삼각형을 [그림 3]과 같이 그리면 된다. 이렇게 해서 [그림 4]에서처럼 직사각형으로 변형하여 삼각형의 넓이는 직사각형의 넓이의 반으로 형식화할 수도 있다.

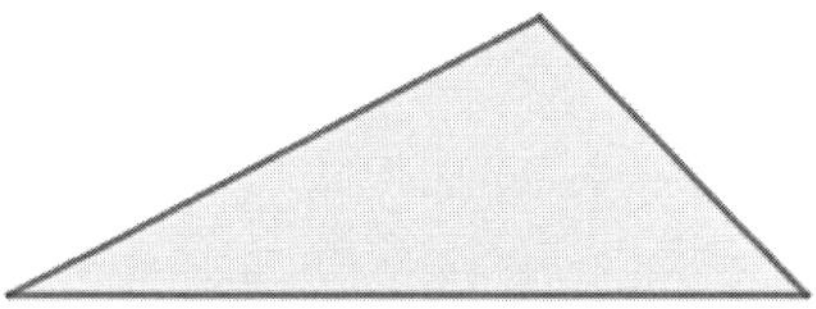

[그림 3] 둔각삼각형의 예

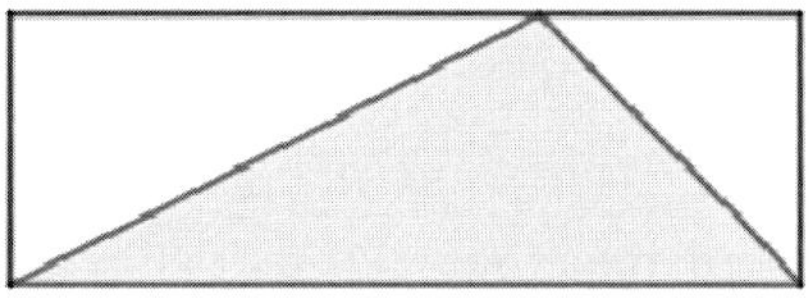

[그림 4]둔각삼각형의 변형

2. 형식화 과정은 다음과 같다.

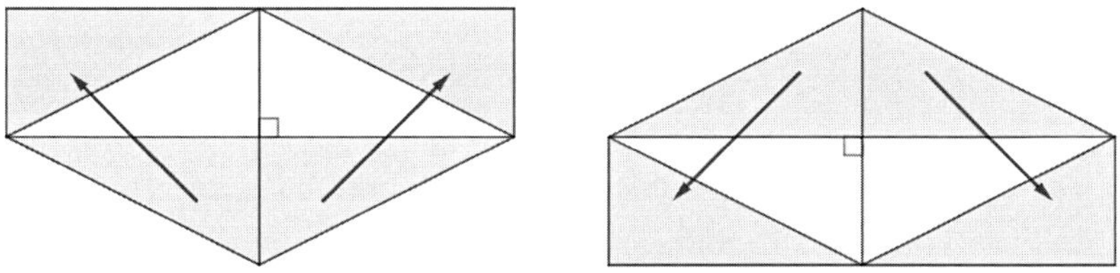

마름모의 직사각형으로의 등적변형

마름모의 넓이 = 직사각형의 넓이

= (가로의 길이) × (세로의 길이)

= (한 대각선의 길이) × (다른 대각선의 길이) ÷ 2

3. 형식화 과정은 다음과 같다.

마름모의 넓이 = 직사각형의 넓이

= (가로의 길이) × (세로의 길이) ÷ 2

= (한 대각선의 길이) × (다른 대각선의 길이) ÷ 2

4. 형식화 과정은 다음과 같다.

마름모의 넓이 = 삼각형의 넓이 × 2

= [삼각형의] (밑변의 길이) × (높이) ÷ 2 × 2

= (한 대각선의 길이) × (다른 대각선의 길이) ÷ 2

5. 그렇지 않다. 형식화의 과정 중

$$(\text{윗변의 길이})\times(\text{높이})\div 2+(\text{아랫변의 길이})\times(\text{높이})\div 2$$
$$=((\text{윗변의 길이})+(\text{아랫변의 길이}))\times(\text{높이})\div 2$$

에서 분배법칙을 이용해야 한다. 그러나 분배법칙에 대한 내용은 초등학교 수학과 교육과정에 제시되어 있지 않다. 그러나 문항의 해결 전략으로서는 충분히 교수할 수 있는 내용이다.

6. 답안 예 : $210\,\text{cm}^2$, 원 안에 있는 정육각형의 넓이는 $180\,\text{cm}^2$이고 원 밖에 있는 정육각형의 넓이는 $240\,\text{cm}^2$입니다. 원의 넓이는 $180\,\text{cm}^2$보다 넓고, $240\,\text{cm}^2$보다 좁으므로 $210\,\text{cm}^2$라고 생각합니다.

▶▶ 제6강

문제 6.3 넓이가 $1\,\text{cm}^2$인 정삼각형의 한 변의 길이를 a라 하면, 문제의 조건에서 $\frac{\sqrt{3}}{4}a^2=1$이므로 $a^2=\frac{4}{\sqrt{3}}$이다. 그리고 변 $\overline{AC}$의 길이는 $2a$, 변 $\overline{CE}$의 길이는 $3a$, $\angle ACE=60°$이므로 삼각형 ACE의 넓이는 다음과 같다.

$$\frac{1}{2}\cdot 2a\cdot 3a\cdot \sin 60° = \frac{3\sqrt{3}}{2}a^2 = \frac{3\sqrt{3}}{2}\cdot\frac{4}{\sqrt{3}}=6$$

문제 6.7

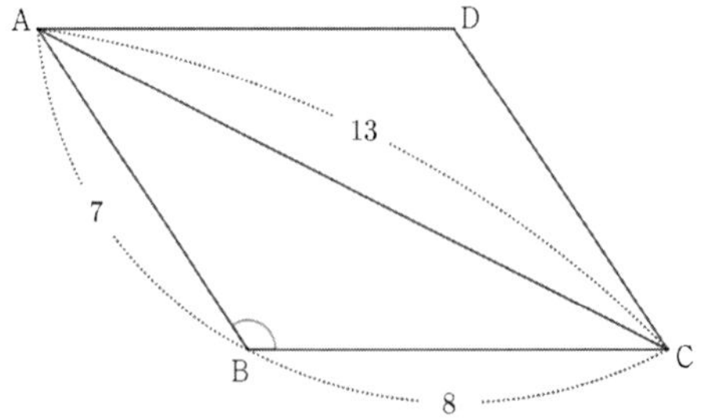

1) $\cos(\angle ABC)=\dfrac{\overline{AB}^2+\overline{BC}^2-\overline{CA}^2}{2\cdot\overline{AB}\cdot\overline{AB}}=\dfrac{7^2+8^2-13^2}{2\cdot 7\cdot 8}=-\dfrac{1}{2}$이므로 $120°$이다.

2) 삼각형 ABC의 넓이 S는

$$S = \frac{1}{2} \cdot \overline{AB} \cdot \overline{BC} \cdot \sin(\angle ABC) = \frac{1}{2} \cdot 7 \cdot 8 \cdot \sin 120° = 14\sqrt{3}$$

이므로 평행사변형 ABCD의 넓이는 $28\sqrt{3}$이다.

3) $\angle DAB = 180° - \angle ABC = 60°$이므로

$$\overline{BD}^2 = \overline{AB}^2 + \overline{AD}^2 - 2 \cdot \overline{AB} \cdot \overline{AD} \cdot \cos(\angle DAB)$$

$$= 7^2 + 8^2 - 2 \cdot 7 \cdot 8 \cdot \cos 60°$$

$$= 57$$

그러므로 $\overline{BD} = \sqrt{57}$이다.

4) $\angle ACB = x$라 두면 삼각형 ABC의 넓이 S는

$$S = \frac{1}{2} \cdot \overline{CA} \cdot \overline{CB} \cdot \sin x = \frac{1}{2} \cdot 13 \cdot 8 \cdot \sin x = 52 \sin x$$

이다. 2)에서 삼각형 ABC의 넓이는 $14\sqrt{3}$이므로 $\sin(\angle ACB) = \frac{7\sqrt{3}}{26}$이다.

연습문제 6

1. 교점은 A(1, 3), B(0, 1), C(2, 2)이므로 아래 그림에서처럼

$$\triangle ABC = \square RBPQ - \triangle ARB - \triangle BPC - \triangle ACQ = \frac{3}{2}$$

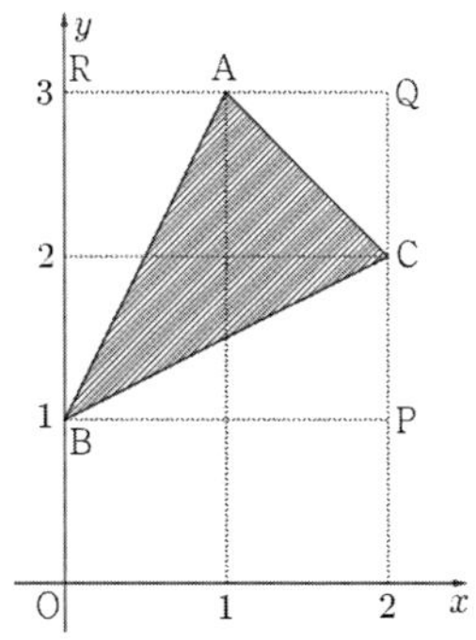

[별해] $\overline{BC} = \sqrt{(2-0)^2+(2-1)^2} = \sqrt{5}$. 따라서 A(1, 3)과 직선 $x-2y+2=0$ 과의 거리 h는 $h = \frac{|1-2\times3+2|}{\sqrt{1^2+2^2}} = \frac{3}{\sqrt{5}}$이다. 그러므로

$$\triangle ABC = \frac{1}{2}\times\overline{BC}\times h = \frac{1}{2}\times\sqrt{5}\times\frac{3}{\sqrt{5}} = \frac{3}{2}$$

2. $s=\frac{3}{2}a$이므로 $S=\sqrt{\frac{3a}{2}\cdot\frac{a}{2}\cdot\frac{a}{2}\cdot\frac{a}{2}} = \frac{\sqrt{3}}{4}a^2$이다.

3. 아래 그림에서처럼 A에서 변 BC에 내린 수선의 발을 H라 하고, $\overline{AH}=x$라 두면 $\overline{BH} = \frac{x}{\tan 60°} = \frac{1}{\sqrt{3}}x$이고, $\overline{CH}=x$이다. 따라서 $\frac{1}{\sqrt{3}}x+x=4(\sqrt{3}+1)$이므로 $x=4\sqrt{3}$이다. $\triangle ABC$의 넓이는 $\frac{1}{2}\cdot4(\sqrt{3}+1)\cdot4\sqrt{3} = 8(3+\sqrt{3})$이다.

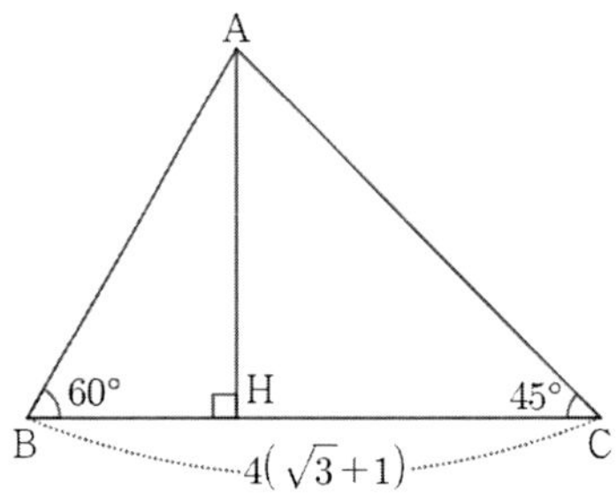

4. sine법칙 $\frac{b}{\sin 60°} = \frac{c}{\sin 45°}$으로부터 $\sqrt{2}b=\sqrt{3}c$이고, 제1cosine법칙으로부터 $\sqrt{3}+1 = b\cos 45°+c\cos 60°$이다. 따라서 $\sqrt{2}b+c=2(\sqrt{3}+1)$로부터 다음을 얻을 수 있다. $b=\sqrt{6}$, $c=2$.

5. $\frac{35}{6}$

6. $\frac{a}{\sin A}=\frac{b}{\sin B}=\frac{c}{\sin C}=2R$에 의해 $a=2R\sin A$, $b=2R\sin B$, $c=2R\sin C$이다. $S=\frac{abc}{4R}$에 대입하여 정리하면 간단하게 $S=2R^2\sin A\sin B\sin C$를 유도할 수 있다. 이 공식은 외접원의 반지름의 길이와 세 내각의 크기를 알면 삼각형의 넓이를 구할 수 있음을 뜻한다.

7. $\triangle$ABC의 넓이를 S라 하면

$$S = 2 \cdot R^2 \cdot \sin A \cdot \sin B \cdot \sin C$$
$$= 8\sin 45^\circ \cdot \sin 60^\circ \cdot \sin 75^\circ = 3 + \sqrt{3}$$

8. 14, $\frac{5\sqrt{2}}{2}$, $3-\sqrt{2}$.

9. 그림에서처럼 y축 위에 $\overline{OA} \parallel \overline{FD}$가 되도록 점 F를 잡으면 $\triangle$CDB의 넓이와 $\triangle$CFD의 넓이는 같다. 따라서 직사각형 OADF의 넓이와 $\triangle$DAE의 넓이가 같으면 된다. 그러므로 $\overline{OA} \times \overline{AD} = \frac{1}{2} \times \overline{AE} \times \overline{AD}$이다. 따라서 $2\overline{OA} = \overline{AE}$이므로 $\overline{AE} = 20$. 따라서 직선 CD의 기울기는 $-\frac{1}{3}$이다.

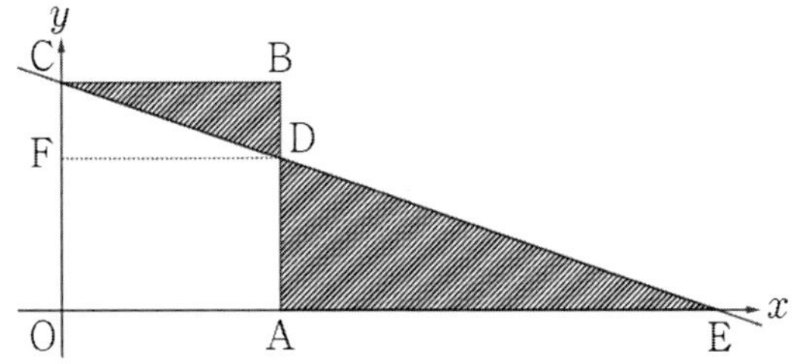

10. 오른쪽 그림과 같이 좌표평면에 그림을 그려보면 Pythagoras의 정리에 의해 각 변의 길이를 쉽게 구할 수 있다. $\overline{AB} = \overline{AC} = 4\sqrt{5}$이므로 $32 = \frac{4\sqrt{5} \cdot 4\sqrt{5} \cdot 8}{4R}$이다. 따라서 외접원의 반지름의 길이가 5이므로 외접원의 중심의 좌표는 (6, 1)이다.

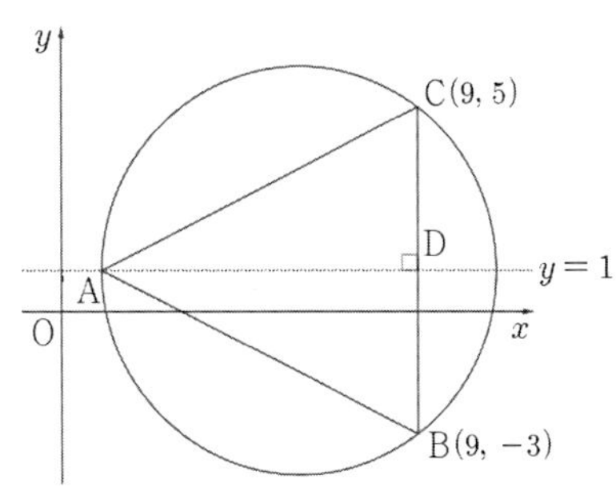

[별해] A(1, 1)이 직선 $y=1$ 위에 있고, 점 B(9, −3)과 점 C(9, 5)가 직선 $y=1$에 대칭이므로 삼각형 ABC의 외심은 직선 $y=1$ 위에 있다. P$(x, 1)$이라고 하면 $\overline{AP} = \overline{CP}$ A(1, 1)에서 $(x-1)^2 = (x-9)^2 + 4^2$이므로 $x = 6$이다. 따라서 P(6, 1)이다.

11. 세 직선 $l_1 : x-y+2=0$, $l_2 : x+y-4=0$, $l_3 : x-4y-4=0$의 교점의 좌표는 $(1, 3)$, $(4, 0)$, $(-4, 2)$이다. 이 세 교점으로부터 같은 거리에 있는 점의 좌표를 구하면 $(0, -1)$이고, $(0, -1)$에서 교점까지의 거리는 $\sqrt{17}$이다. 따라서 넓이는 17π이다.

[별해] 두 직선 l_1과 l_2는 서로 수직이므로 교점의 좌표 $(1, 3)$, $(4, 0)$, $(-4, 2)$를 이은 삼각형은 직각삼각형이다. 따라서 $(4, 0)$, $(-4, 2)$를 이은 선분이 외접원의 지름이 되고 이 선분의 중점이 외접원의 중심이다. 그러므로 $(0, -1)$이 중심이고, 반지름의 길이가 $\sqrt{17}$인 원이 된다.

12. 직각을 낀 두 변의 길이를 각각 a와 b라 하고, 빗변의 길이를 c라 하면

$$a+b+c=90,\ \frac{1}{2}ab=180,\ c^2=a^2+b^2$$

이다. $a+b=90-c$, $ab=360$이므로 $c^2=(a+b)^2-2ab=(90-c)^2-2\cdot 360$, 따라서 $(90-c+c)(90-c-c)=2\cdot 360 \Leftrightarrow 90-2c=8$에서 $c=41$이다.

13. 문제의 조건은 그림에서 음영이 있는 삼각형의 넓이가 같음을 의미한다. 이것은 두 삼각형이 선분 DE를 밑면으로 하는 등적변형이다. 따라서 두 삼각형은 높이가 같기 때문에 직선 AB와 DE는 서로 평행이다. 따라서 $\triangle ABC$와 $\triangle EDC$는 닮음도형이다. 닮음의 성질에 의해 길이의 비(닮음비)가 3 : 5이므로 넓이의 비는 9 : 25이다. 따라서 삼각형 EDC의 넓이는 삼각형 ABC의 넓이의 9/25이다.

한편, 삼각형 EBC에서 점 D는 선분(밑변) BC를 2 : 3으로 내분하는 점이므로 삼각형 EBD와 삼각형 EDC의 넓이의 비도 2 : 3이다. 그러므로 삼각형 EBD의 넓이는 삼각형 EDC의 넓이의 2/3이다. 따라서 삼각형 EBC의 넓이는

$$10\cdot\left(\frac{9}{25}+\frac{9}{25}\cdot\frac{2}{3}\right)=10\cdot\frac{3}{5}=6.$$

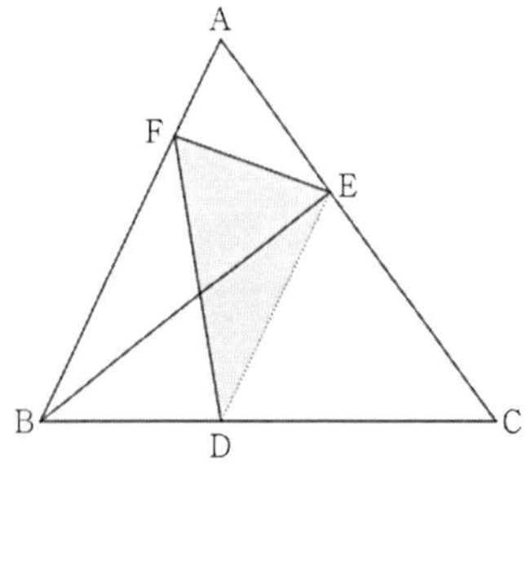

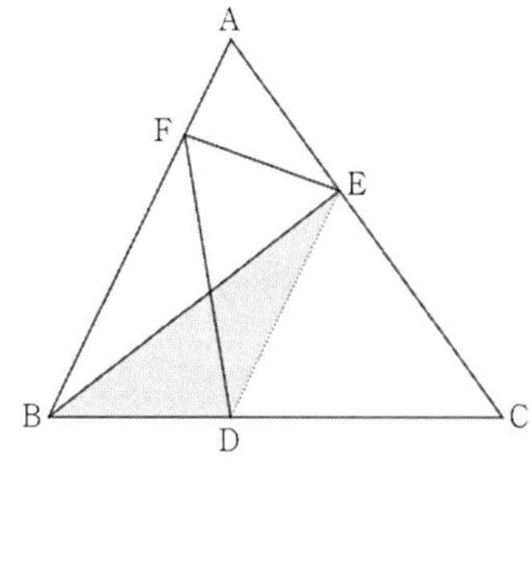

14. 원에 내접하는 이등변삼각형을 $\overline{AB} = \overline{AC}$라 하고, $\angle BAC = \theta$라 하자.

$\overline{AB} = 2\overline{AD} = 4\cos\frac{\theta}{2}$이므로 $\triangle ABC$의 넓이(S)는

$$S = \frac{1}{2} \cdot \overline{AB} \cdot \overline{AB} \cdot \sin\theta$$
$$= 8\cos^2\frac{\theta}{2}\sin\theta = 4(1+\cos\theta)\sin\theta$$

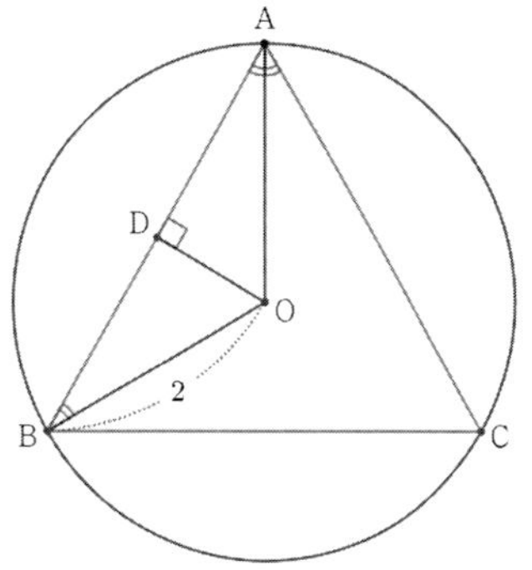

이다. 따라서

$$S' = 4\{-\sin\theta \cdot \sin\theta + (1+\cos\theta)\cos\theta\}$$
$$= 4(2\cos^2\theta + \cos\theta - 1)$$
$$= 4(2\cos\theta - 1)(\cos\theta + 1)$$

로부터 $S' = 0$일 때, $\theta = \frac{\pi}{3}$이다.

x	0	$\cdots$	$\pi/3$	$\cdots$	π
S'		+		−	
S	0	↗	$3\sqrt{3}$ 최대	↘	0

[참고] 넓이가 최대인 경우는 정삼각형일 경우이다.

▶▶ 제7강

문제 7.4 1). 덧셈정리 $\cos(\alpha+\beta) = \cos\alpha\cos\beta - \sin\alpha\sin\beta$를 적용하면

$$\cos\alpha = \cos\left(\frac{\alpha}{2} + \frac{\alpha}{2}\right) = \cos^2\frac{\alpha}{2} - \sin^2\frac{\alpha}{2} = 1 - 2\cos^2\frac{\alpha}{2}$$

2). 예제 7.3과 문제 7.4의 1)을 이용하면

$$\tan^2\frac{\alpha}{2} = \frac{\sin^2\frac{\alpha}{2}}{\cos^2\frac{\alpha}{2}} = \frac{\frac{1-\cos\theta}{2}}{\frac{1+\cos\theta}{2}} = \frac{1-\cos\theta}{1+\cos\theta}$$

문제 7.11 (1) $\frac{\pi}{2}$ (2) 1 (3) $\frac{2+\sqrt{3}}{2}$ (4) $\frac{\sqrt{6}+\sqrt{2}}{2}$

연습문제 7

1. 등변사다리꼴 ABCD 에서 $\overline{AB} = \overline{CD}$ 라 하면 $\overline{AC} = \overline{BD}$ 이다.

$\overline{AC} = \overline{BD} = x$ 라 하면 $\frac{1}{2} \cdot x \cdot x \cdot \sin 120° = \sqrt{3}$ 으로부터 $x = 2$.

2. 그림에서처럼 사각형 ABCD 의 꼭짓점 A, C 를 지나고 대각선 $\overline{BD}$ 에 평행한 직선을 긋고, 꼭짓점 B, D 를 지나고 대각선 $\overline{AC}$ 에 평행한 직선을 그어 사각형 EFGH 를 만들면 사각형 EFGH 는

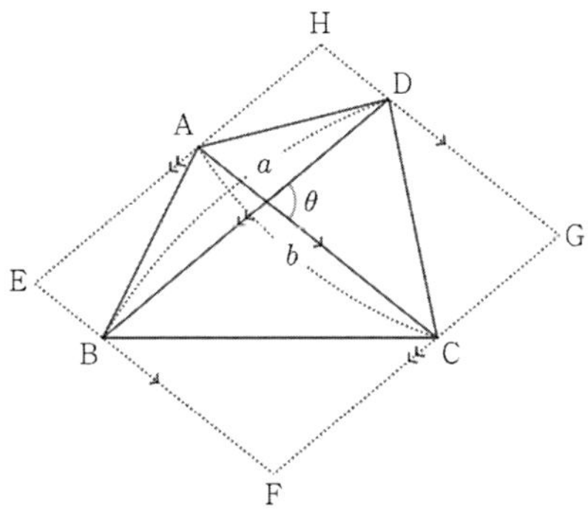

$$\overline{EH} = a, \quad \overline{EF} = b, \quad \angle HEF = \theta$$

인 평행사변형. 따라서 사각형 EFGH 의 넓이는 사각형 ABCD 의 넓이는 사각형 EFGH 의 넓이이 반이므로 사각형 ABCD 의 넓이는 삼각형 HEF 의 넓이와 같다. 그러므로 $S = \frac{1}{2}ab\sin\theta$ 이다.

3. 그림에서 제2cosine법칙으로부터 $\overline{AC}^2 = 7^2 + 8^2 - 2 \cdot 7 \cdot 8 \cdot \cos 120° = 169$.

사각형 ABCD 의 넓이를 S 라 하면

$S = \triangle ABC + \triangle ACD$ 이다. 따라서

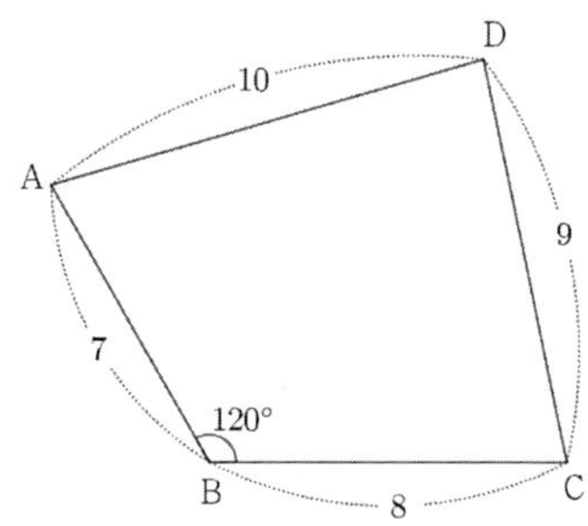

$$\triangle ABC = \frac{1}{2} \times 7 \times 8 \times \sin 120° = 14\sqrt{3},$$

$$\triangle ACD = \sqrt{16(16-13)(16-10)(16-9)}$$
$$= 12\sqrt{14}$$

이므로 $S = 14\sqrt{3} + 12\sqrt{14}$ 이다.

4. 사각형 ABCD 는 원에 내접하므로 $\angle CDA = 120°$ 이다.

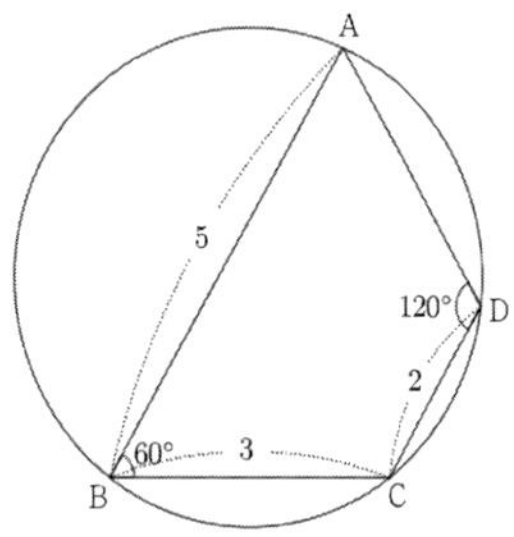

$$\cos 60° = \frac{3^2 + 5^2 - \overline{AC}^2}{2 \cdot 3 \cdot 5} \text{ 에서 } \overline{AC} = \sqrt{19}.$$

$$\cos 120° = \frac{\overline{AD}^2 + 2^2 - \sqrt{19}^2}{2 \cdot \overline{AD} \cdot 2} \text{ 에서 } \overline{AD} = 3 \text{ 이다}$$

5. (1) 7　(2) $\frac{55}{7}$　(3) $\frac{55}{4}\sqrt{3}$

6. $\frac{2}{3}\pi$

7. 그림에서처럼 사각형 ABCD 에서 $\angle B + \angle D = 180°$ 라 하자. 이 사각형의 세 꼭짓점 A, B, C 를 지나는 원 O 를 그리고, 호 $\overset{\frown}{AD}$ 위의 점 E 를 잡으면 사각형 ABCE 는 원에 내접하므로 $\angle B + \angle E = 180°$. 그러므로 $\angle D = \angle E$. 따라서 원주각의 정리의 역에 의해 점 D 는 원 O 의 원주 위에 있기 때문에 사각형 ABCD 는 원 O 에 내접한다.

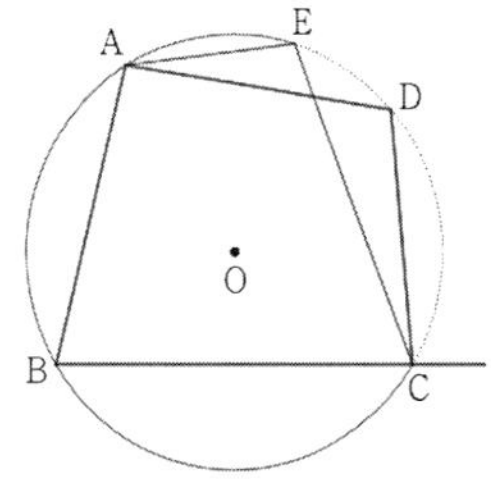

8. $\angle A'AP = \theta$ 라 하면 $\overline{AA'} = 2$ 에서 $\overline{AP} = \overline{AR} = \overline{AA'}\cos\theta = 2\cos\theta$.
사각형 APRQ 의 넓이를 $S(\theta)$ 라 하면,

$$S(\theta) = 2\triangle APR = \overline{AP} \cdot \overline{AR}\sin\theta$$
$$= (2\cos\theta)^2\sin\theta = 4\sin\theta\cos^2\theta$$

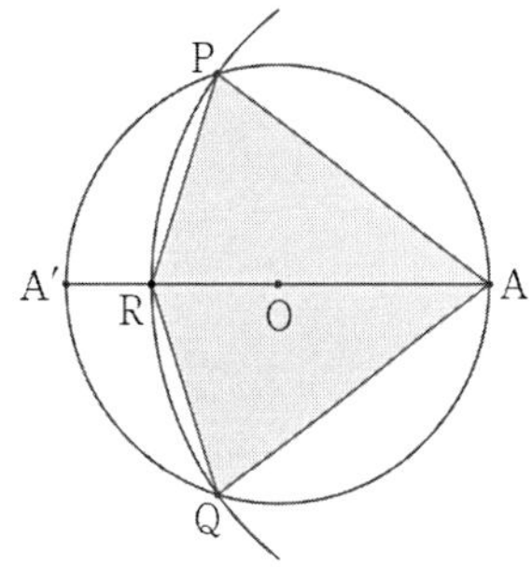

여기서 $\sin\theta = x\left(0 < \theta < \frac{\pi}{2}\right)$라 두면

$S(x) = 4x(1-x^2)\ (0 < x < 1)$이다.

$S'(x) = -4(\sqrt{3}x+1)(\sqrt{3}x-1)$이므로 $0 < x < 1$에서 $S(x)$의 증감을 조사하면,

$x = \frac{1}{\sqrt{3}}$ 에서 최대이고, 최댓값은 $\frac{8\sqrt{3}}{9}$ 이다.

▶▶ 제8강

문제 8.4　$\frac{9}{4}$

연습문제 8

1. $\frac{11}{2}$

2. [그림 5]에서 제시된 오각형을 [그림 6]에서처럼 좌표축의 격자(길이 1)로 생각하면 꼭짓점 중 2개가 격자점이 아니기 때문에 Pick의 정리를 사용할 수 없다. 그러므로 조금의 궁리가 필요하다.

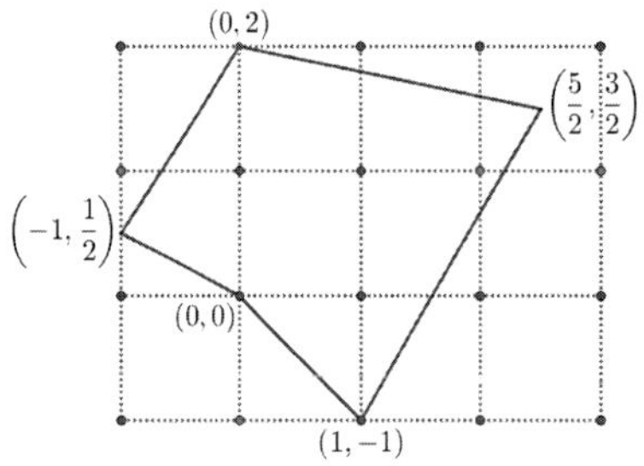

[그림 5] 꼭짓점 2개가 격자점이 아님

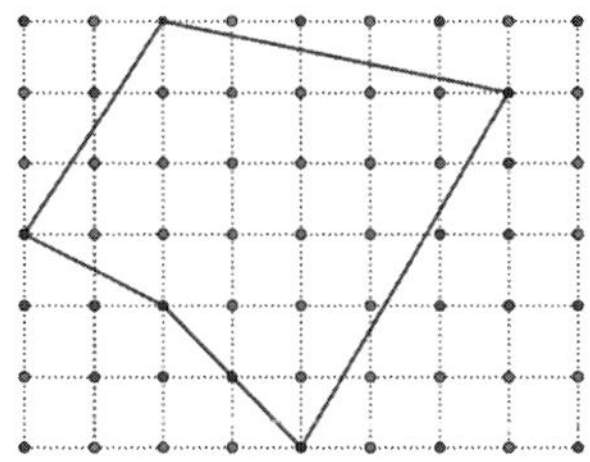

[그림 6] 꼭짓점이 모두 격자점임

[그림 6]에서처럼 격자의 길이를 $1/2$ 로 하면 꼭짓점이 모두 격자점이기 때문에 Pick의 정리를 사용할 수 있다. 따라서 오각형의 내부에 있는 격자점의 개수는 20, 경계에 있는 격자점의 개수는 6 이므로

$$\mathrm{S} = I + \frac{B}{2} - 1 = 20 + \frac{6}{2} - 1 = 22$$

임을 알 수 있다. 격자점 사이의 길이의 비가 $1 : 1/2$ 이므로 넓이의 비는 $4 : 1$ 이다. 따라서 오각형의 넓이는 $22/4 = 11/2$ 이다.

3. 가로의 길이가 m, 세로의 길이가 n 인 직사각형의 경우.
직사각형의 내부에 있는 격자점의 개수는 $I = (m-1)(n-1)$, 경계에 있는 격자점의 개수는 $B = 2(m+1) + 2(n-1) = 2(m+n)$ 이므로 다음이 성립한다.

$$\mathrm{S} = I + \frac{B}{2} - 1 = (mn - m - n + 1) + (m+n) - 1 = mn$$

4. 밑변의 길이가 m, 높이가 h 인 직각삼각형인 경우.
먼저 직각삼각형의 밑변이 품고 있는 격자점의 개수를 $m+1$이라 하면 높이에 해당하는 변이 품고 있는 격자점의 개수는 밑변과 중복되는 것을 하나 빼면 h이다. 그런데 직각삼각형의 경우 직각이등변삼각형이 아니면 빗변이 품고 있는 격자의 개수를 쉽게 알 수는 없다. (물론 빗변의 기울기를 생각하면 계산을 통해 알 수 있다.) 빗변이 품고 있는 격자점 중에서 양 끝점 2개를 뺀 격자점의 개수를 k, 직각삼각형 내부에 있는 격자점의 개수를 i 라 하면 $I = i$ 이고, $B = m + 1 + h + k$ 이다.

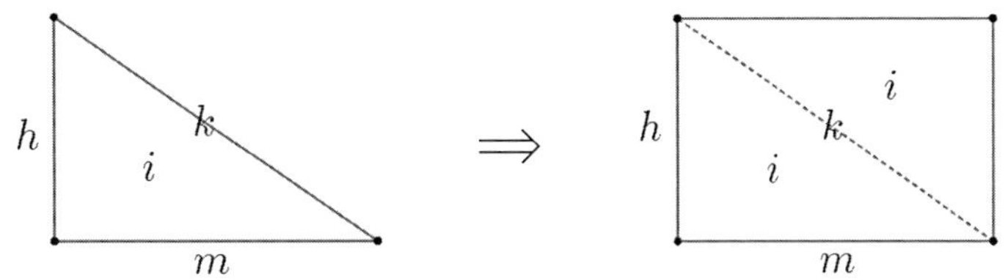

직각삼각형의 배적변형을 통해 가로의 길이가 m, 세로의 길이가 h 인 사각형으로 변형하면 2번 문항의 결과를 사용할 수 있다. 즉 직사각형 내부에 있는 격자점의 개수는 $(m-1)(h-1)$ 이고, 이것은 $2i+k$ 와 같다. 그러므로 다음이 성립한다.

$$\mathrm{S} = I + \frac{B}{2} - 1 = i + \frac{m+1+h+k}{2} - 1$$

$$= \frac{2i+k+m+1+h}{2} - 1 = \frac{1}{2}mh$$

5. 다음 그림과 같은 일반적인 삼각형의 경우.

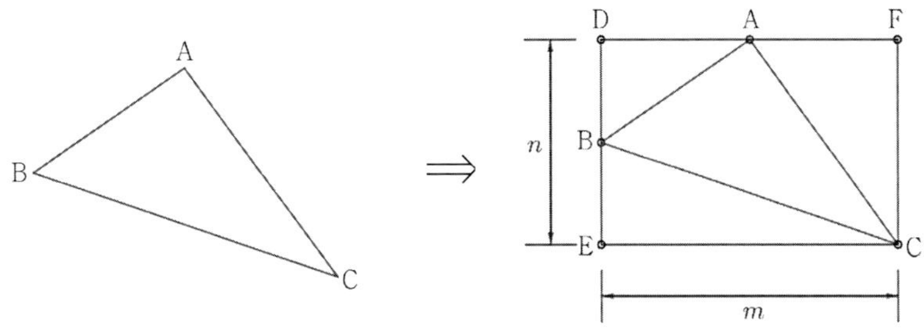

삼각형 ADB 의 내부에 있는 격자점의 개수를 x_1, 경계인 변 AB 에 있는 격자점 중 양 끝점을 뺀 것의 개수를 x_2, 변 AD 에 있는 격자점 중 양 끝점을 뺀 것의 개수를 x_3, 변 DB 에 있는 격자점 중 양 끝점을 뺀 것의 개수를 x_4 라 하자. 그러면 삼각형 ADB 의 넓이 S_1 은 다음과 같다.

$$\mathrm{S}_1 = x_1 + \frac{x_2+x_3+x_4+3}{2} - 1$$

삼각형 ACF 의 내부에 있는 격자점의 개수를 y_1, 경계인 변 AC 에 있는 격자점 중 양 끝점을 뺀 것의 개수를 y_2, 변 AF 에 있는 격자점 중 양 끝점을 뺀 것의 개수를 y_3, 변 AC 에 있는 격자점 중 양 끝점을 뺀 것의 개수를 y_4 라 하자. 그러면 삼각형 ACF 의 넓이 S_2 는 다음과 같다.

$$S_2 = y_1 + \frac{y_2 + y_3 + y_4 + 3}{2} - 1$$

삼각형 BEC 의 내부에 있는 격자점의 개수를 z_1, 경계인 변 BC 에 있는 격자점 중 양 끝점을 뺀 것의 개수를 z_2, 변 EC 에 있는 격자점 중 양 끝점을 뺀 것의 개수를 z_3, 변 BE 에 있는 격자점 중 양 끝점을 뺀 것의 개수를 z_4 라 하자. 그러면 삼각형 BEC 의 넓이 S_3 은 다음과 같다.

$$S_3 = z_1 + \frac{z_2 + z_3 + z_4 + 3}{2} - 1$$

세 삼각형 ADB, 삼각형 ACF, 삼각형 BEC 의 넓이의 합은

$$S_1 + S_2 + S_3 = x_1 + y_1 + z_1 + \frac{x_2 + x_3 + x_4 + y_2 + y_3 + y_4 + z_2 + z_3 + z_4 + 9}{2} - 3$$

이다. 등장하는 문자가 너무 많아 다음과 같이 조금 단순화시켜 계산해 보자.

$$u_1 = x_1 + y_1 + z_1\,,\ u_2 = x_2 + y_2 + z_2\,,\ u_3 = x_3 + y_3 + z_3\,,\ u_4 = x_4 + y_4 + z_4$$

따라서 주어진 삼각형 ABC 의 넓이는 직사각형 DECF 의 넓이 mn 에서 세 삼각형 ADB, 삼각형 ACF, 삼각형 BEC 의 넓이의 합을 빼면 된다. 그러므로

$$\triangle ABC = mn - \left(u_1 + \frac{u_2 + u_3 + u_4 + 3}{2}\right).$$

한편, 직사각형 DECF 에서 경계에 있는 격자점의 개수를 살펴보자. 가로의 변, 즉 변 DF 와 변 EC 에 있는 격자점의 개수를 $m+1$ 이라 하면 분할한 삼각형의 변 DA 와 변 AF 에 있는 격자점의 개수 $x_3 + y_3 + 3$ 으로부터 관계식

$$x_3 + y_3 + 3 = m + 1\,, \quad z_3 + 2 = m + 1$$

을 얻고, 이로부터 다음이 성립한다.

$$x_3 + y_3 + z_3 = 2m - 3 = u_3$$

같은 방법으로, 변 DE 와 변 FC 에 있는 격자점의 개수를 $n+1$ 이라 하면 분할한 삼각형의 변 DB 와 변 BE 에 있는 격자점의 개수 $x_4 + z_4 + 3$ 으로부터 관계식

$$x_4+z_4+3=n+1\ ,\quad y_4+2=n+1$$

을 얻고, 이로부터 다음이 성립한다.

$$x_4+y_4+z_4=2n-3=u_4$$

한편, 삼각형 ABC의 내부에 있는 격자점의 개수를 B라 하고 직사각형 DECF의 내부에 있는 격자점의 개수와의 관계를 살펴보면

$$(m-1)(n-1)=x_1+y_1+z_1+x_2+y_2+z_2+B=u_1+u_2+B$$

이 성립한다. 따라서 $B=(m-1)(n-1)-u_1-u_2$이다.

따라서 $\triangle$ABC의 경계에 있는 격자점의 개수가 $x_2+y_2+z_2+3=u_2+3=I$임을 염두에 두고 식을 조작하면 $\triangle$ABC의 넓이는 다음과 같이 형식화할 수 있다.

$$\begin{aligned}\triangle\mathrm{ABC}&=mn-\left(u_1+\frac{u_2+u_3+u_4+3}{2}\right)\\&=mn-\left(u_1+\frac{u_2+2m+2n-3}{2}\right)\\&=mn-m-n+1-u_1-\frac{u_2}{2}+\frac{1}{2}\\&=(m-1)(n-1)-u_1-u_2+\frac{u_2+3}{2}-1\\&=B+\frac{I}{2}-1\end{aligned}$$

6\. 사각형 OABC의 넓이는 $\frac{1}{2}\begin{vmatrix}0&6&4&2&0\\0&2&6&6&0\end{vmatrix}=20$이므로 직선 $y=mx$와 선분 AB가 만나는 점을 P$(a,\,ma)$라 하면, $\triangle$OAP의 넓이는 $\frac{1}{2}\begin{vmatrix}0&6&a&0\\0&2&ma&0\end{vmatrix}=\frac{1}{2}(6ma-2a)=10$이다.

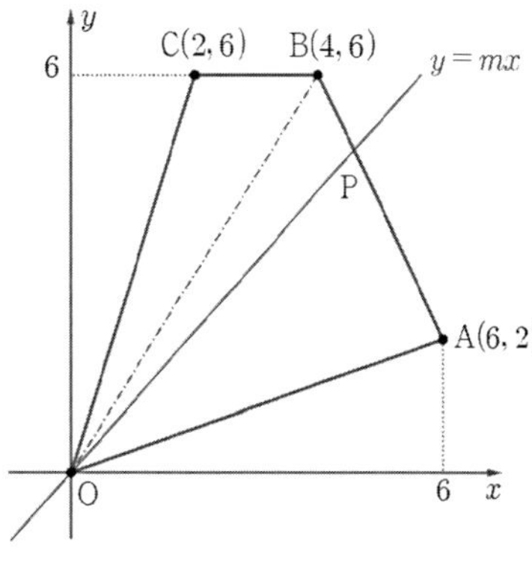

그러므로 $a(3m-1)=10$.

두 점 A, B를 지나는 직선의 기울기는 두 점 A(6, 2), P$(a,\,ma)$를 지나는 직선의 기울기와 같으므로 $\frac{2-ma}{6-a}=\frac{2-6}{6-4}$에서 $a(m+2)=14$. 따라서 $\frac{10}{3m-1}=\frac{14}{m+2}$로부터 $m=\frac{17}{16}$.

다음과 같이 풀이를 해도 된다.

$$\triangle\mathrm{OBC}\text{ 의 넓이는 } \frac{1}{2}\begin{vmatrix} 0 & 4 & 2 & 0 \\ 0 & 6 & 6 & 0 \end{vmatrix} = \frac{1}{2}|4\times6-2\times6| = 6,$$

$$\triangle\mathrm{OAC}\text{ 의 넓이는 } \frac{1}{2}\begin{vmatrix} 0 & 6 & 4 & 0 \\ 0 & 2 & 6 & 0 \end{vmatrix} = \frac{1}{2}|6\times6-4\times2| = 14.$$

직선 $y=mx$는 $\overline{\mathrm{AB}}$와 만나야 하고, 그 점을 P 라 하면 $\triangle\mathrm{OAP}$의 넓이는 10이므로 $\overline{\mathrm{BP}}:\overline{\mathrm{PA}}=4:10=2:5$이다.

따라서 $\mathrm{P}\left(\frac{2\times6+5\times4}{2+5}, \frac{2\times2+5\times6}{2+5}\right)=\mathrm{P}\left(\frac{32}{7}, \frac{34}{7}\right)$이므로 $m=\frac{34}{32}=\frac{17}{16}$.

▶▶ 제9강

문제 9.2 구간 $[1, 3]$을 n등분하여 각 분점을

$$1=1+\frac{0}{n}<1+\frac{2}{n}<1+\frac{4}{n}<\cdots<1+\frac{2n-2}{n}<1+\frac{2n}{n}=3$$

이라 하자. 따라서

$$\begin{aligned} S_n &= \left(1+\frac{2}{n}\right)^2\cdot\frac{2}{n}+\left(1+\frac{4}{n}\right)^2\cdot\frac{2}{n}+\cdots+\left(1+\frac{2n}{n}\right)^2\cdot\frac{2}{n} \\ &= \frac{2}{n^3}\sum_{k=1}^{n}(n+2k)^2 \\ &= \frac{2}{n^3}\left(n^3+4n\cdot\frac{n(n+1)}{2}+4\cdot\frac{n(n+1)(2n+1)}{6}\right) \end{aligned}$$

이다. $\lim_{n\to\infty}S_n=\frac{26}{3}$ 이므로 넓이 S는 $\frac{26}{3}$ 이다.

문제 9.3 그림과 같이 높이 h를 n등분하여 자르면 주어진 삼각형은 n개의 닮은 삼각형으로 나누어진다. 이때, n개의 닮은 삼각형의 밑면의 길이는 차례로

$$\frac{a}{n}, \frac{2a}{n}, \frac{3a}{n}, \cdots, \frac{(n-1)a}{n}, \frac{na}{n}$$

이다. 그림과 같이 n개의 직사각형을 만들어 그 넓이의 합을 S_n이라 하면

$$S_n = \frac{h}{n} \cdot \frac{a}{n} + \frac{h}{n} \cdot \frac{2a}{n} + \frac{h}{n} \cdot \frac{3a}{n} + \cdots + \frac{h}{n} \cdot \frac{n}{n}$$

$$= \frac{ah}{n^2}(1+2+3+\cdots+n) = \frac{ah}{2} \cdot \frac{n+1}{n}$$

이다. 따라서 $\lim_{n\to\infty} S_n = \frac{ah}{2}$이므로 구하는 삼각형의 넓이 S는 $\frac{ah}{2}$이다.

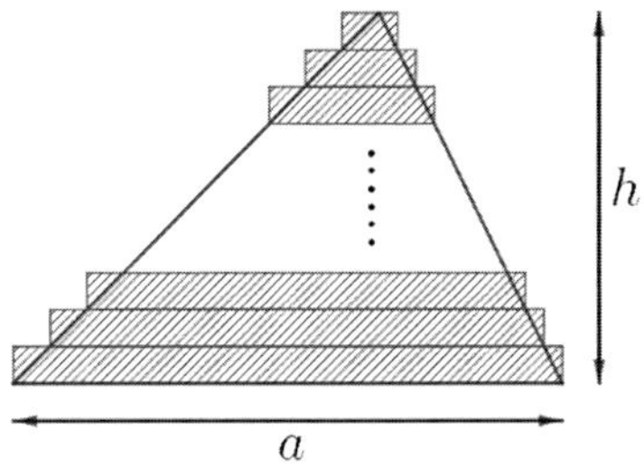

문제 9.11 $\frac{31}{6}$

문제 9.12 곡선 $y = -x^2 + ax + 9 - 3a$와 x축 및 y축으로 둘러싸인 두 영역의 넓이가 같고 정적분의 부호는 반대이므로 $\int_0^3 (-x^2 + ax + 9 - 3a)\,dx = 0$.

따라서 $\left[-\frac{1}{3}x^3 + \frac{a}{2}x^2 + (9-3a)x\right]_0^3 = -\frac{9}{2}a + 18 = 0$으로부터 $a = 4$.

문제 9.13 1. $\int_1^3 kx^3\,dx = 80$이므로 $\left[\frac{k}{4}x^4\right]_1^3 = \frac{k}{4}(81-1) = 80$에서 $k = 4$이다.

2. $k > 0$일 때 $\int_0^k (3y^2+1)\,dy = 10$이므로 $k^3 + k - 10 = 0$에서 $k = 2$.

$k < 0$일 때 같은 방법으로 $k = -2$. 그러므로 $k = 2$ 또는 $k = -2$.

문제 9.16 두 곡선의 교점의 x좌표는 0, 3. $(\beta - \alpha)^3 = 3^3$, $|a - a'| = 2$에서 $\mathrm{S} = 9$.

문제 9.18 1. $l = \pi$, $\mathrm{S} = 3\pi$.

2. $r = 8$, $\theta = \frac{\pi}{4}$.

문제 9.19 $\frac{1}{4}(\pi - 2)r^2$

문제 9.20 세 원의 중심을 각각 O_1, O_2, O_3이라 하면 삼각형 $O_1O_2O_3$은 한 변의 길이가 $2r$인 정삼각형이므로 넓이는 $\triangle O_1O_2O_3 = \sqrt{3}r^2$이다. 한편, 부채꼴 하나의 넓이는 $\frac{1}{6}\pi r^2$이므로

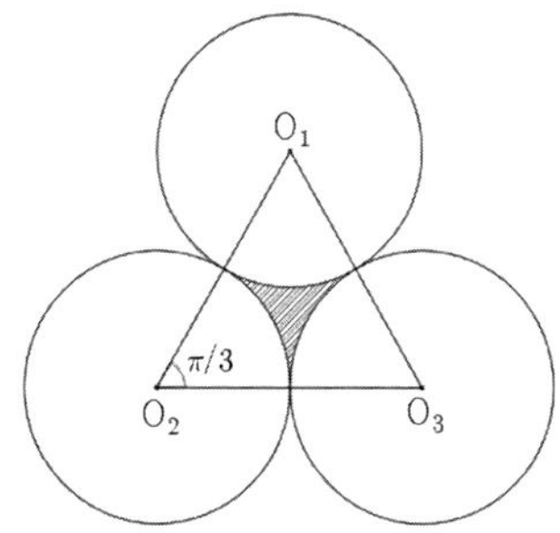

$$S = \triangle O_1O_2O_3 - \frac{1}{2}\pi r^2 = \left(\sqrt{3} - \frac{\pi}{2}\right)r^2 \text{ 이다.}$$

연습문제 9

1. 그림과 같이 원에 내접하는 정n각형의 넓이를 S_n이라 하면

$$S_n = n \times (\triangle OAB) = n \times \frac{1}{2}\overline{AB} \times h = \frac{1}{2} \times h \times n \times \overline{AB}.$$

한편, 원에 내접하는 정n각형의 둘레의 길이를 L_n이라 하면 $L_n = n \times \overline{AB}$이므로

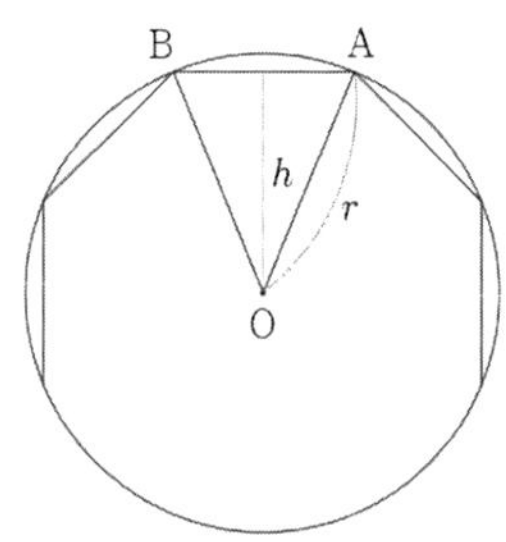

$$S_n = \frac{1}{2} \times h \times L_n$$

이다. 그런데 $n \to \infty$ 일 때, $h \to r$이고 $L_n \to 2\pi r$이므로

$$S = \lim_{n\to\infty} S_n = \lim_{n\to\infty}\left(\frac{1}{2} \times h \times L_n\right) = \frac{1}{2} \times r \times 2\pi r = \pi r^2$$

2. $A_1 = \frac{1}{n}f\left(\frac{1}{n}\right)$, $A_n = \frac{1}{n}f(1)$이므로

$$A_1 + A_n = \frac{1}{n}\left\{f\left(\frac{1}{n}\right) + f(1)\right\}$$

$$= \frac{1}{n}\left(\frac{1}{n^2} + \frac{a}{n} + b + 1 + a + b\right)$$

$$= \frac{1}{n^3}\{1 + an + (1 + a + 2b)n^2\} = \frac{7n^2 + 1}{n^3}$$

이때, $a = 0$이고 $1 + a + 2b = 7$이므로 $b = 3$이다. 따라서 $f(x) = x^2 + 3$이므로

$$\lim_{n\to\infty}\sum_{k=1}^{n}\frac{8k}{n}A_k = 8\lim_{n\to\infty}\sum_{k=1}^{n}\left\{\frac{k}{n}\cdot\frac{1}{n}\cdot f\left(\frac{k}{n}\right)\right\}$$

$$= 8\int_0^1 xf(x)\,dx = 8\int_0^1 x(x^2+3)\,dx$$

$$= 8\int_0^1 (x^3+3x)\,dx = 14$$

이다. $\lim_{n\to\infty}\frac{1}{6}\left(1+\frac{1}{n}\right)\left(2+\frac{1}{n}\right)=\frac{1}{3}$ 이므로 넓이 S는 $\frac{1}{3}$ 이다.

3. 곡선 $y=x^3$ 과 직선 $y=8$ 의 교점의 x 좌표는 $x^3=8$ 에서 $x=2$ 이다. 따라서 곡선 $y=x^3$ 과 y 축 및 직선 $y=8$ 로 둘러싸인 영역의 넓이 S는

$$\mathrm{S} = 2\times 8 - \int_0^2 x^3\,dx = 16-4=12$$

4. 곡선 $y=x^2-x$ 과 직선 $y=mx$ 의 교점의 x 좌표는 $x=0$ 또는 $x=m+1$. 이때 함수 $y=|x^2-x|$ 의 그래프와 $y=mx$ 으로 둘러싸인 두 영역의 넓이가 같으므로

$$\int_0^{m+1}|x^2-x|\,dx = \int_0^{m+1}mx\,dx$$

이다. 좌변을 계산하면

$$\int_0^{m+1}|x^2-x|\,dx = \int_0^1(-x^2+x)\,dx + \int_1^{m+1}(x^2-x)\,dx$$

$$= \left[-\frac{1}{3}x^3+\frac{1}{2}x^2\right]_0^1 + \left[\frac{1}{3}x^3-\frac{1}{2}x^2\right]_1^{m+1}$$

$$= \frac{1}{3}(m+1)^3-\frac{1}{2}(m+1)^2+\frac{1}{3}$$

이고, 우변을 계산하면

$$\int_0^{m+1}mx\,dx = \left[\frac{1}{2}mx^2\right]_0^{m+1} = \frac{1}{2}m(m+1)^2$$

이다. 따라서

$$\frac{1}{3}(m+1)^3-\frac{1}{2}(m+1)^2+\frac{1}{3} = \frac{1}{2}m(m+1)^2$$

에서 $(m+1)^3=2$ 이므로 $m=\sqrt[3]{2}-1$ 이다.

5. $y'=x$ 이므로 점 $\mathrm{P}\left(1,\ \frac{1}{2}\right)$ 에서의 접선 l 의 기울기는 1 이고, 직선 m의 기울기는 -1이다. 따라서 직선 m의 방정식은 $y=-x+\frac{3}{2}$ 이다. 곡선 $y=\frac{1}{2}x^2$ 과의 교점의 x 좌표는 1 또는 -3 이므로 곡선 $y=\frac{1}{2}x^2$ 과 직선 m 으로 둘러싸인 영역의 넓이 S는

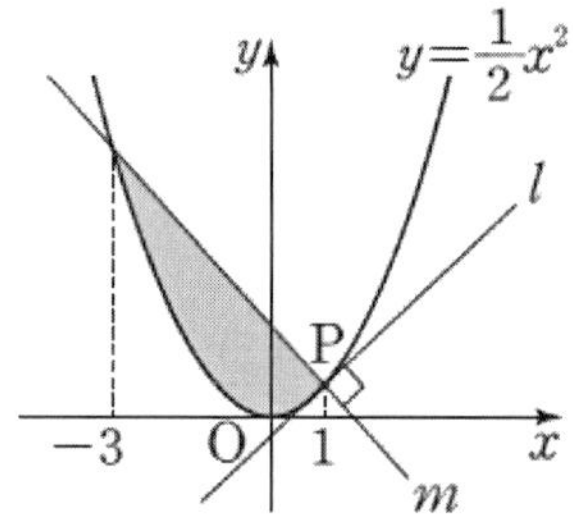

$$\mathrm{S}=\frac{\frac{1}{2}\cdot(1-(-3))^3}{6}=\frac{16}{3}$$

6. 곡선 $y=f(x)$ 와 직선 $y=k$ 로 둘러싸인 영역의 넓이를 S_3 이라 하면 $S_1+S_3=2k$ 이다. $f(x)=2(x-1)^2$ 이므로

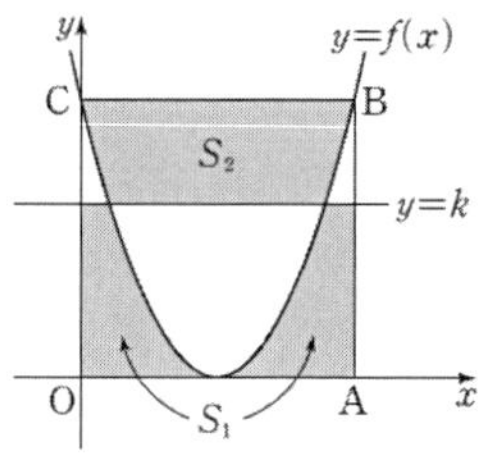

$$S_2+S_3=\int_0^2\left(2-2(x-1)^2\right)dx=\frac{8}{3}$$

이다. $S_1=S_2$ 이므로 $2k=\frac{8}{3}$ 에서 $k=\frac{4}{3}$.

7. 곡선과 접선의 교점의 x 좌표를 $x=\alpha$ (중근), $x=\beta$ 라 하자.
$ax^3+bx^2+cx+d-(mx+n)=a(x-\alpha)^2(x-\beta)$ 이므로

$$\begin{aligned}\mathrm{S} &= \int_\alpha^\beta \left| ax^3+bx^2+cx+d-(mx+n)\right| dx \\ &= -|a|\int_\alpha^\beta (x-\alpha)^2(x-\beta)\,dx \\ &= -|a|\int_\alpha^\beta (x-\alpha)^2\{(x-\alpha)+(\alpha-\beta)\}\,dx \\ &= -|a|\left\{\int_\alpha^\beta (x-\alpha)^3dx+(\alpha-\beta)\int_\alpha^\beta (x-\alpha)^2\,dx\right\} \\ &= \frac{|a|(\beta-\alpha)^4}{12}\end{aligned}$$

8. 곡선과 접선의 교점의 x 좌표를 $x=\alpha$ (중근), $x=\beta$ (중근)라 두자.

$ax^4+bx^3+cx^2+dx+e-(mx+n)=a(x-\alpha)^2(x-\beta)^2$ 이므로

$$\begin{aligned} S &= \int_\alpha^\beta |ax^4+bx^3+cx^2+dx+e-(mx+n)|\,dx \\ &= |a|\int_\alpha^\beta (x-\alpha)^2(x-\beta)^2\,dx \\ &= |a|\int_\alpha^\beta \{(x-\beta)+(\beta-\alpha)\}^2(x-\beta)^2\,dx \\ &= -|a|\left\{\int_\alpha^\beta (x-\beta)^4dx+2(\beta-\alpha)\int_\alpha^\beta (x-\beta)^3\,dx+(\beta-\alpha)^2\int_\alpha^\beta (x-\beta)^2\,dx\right\} \\ &= \left|\frac{a(\beta-\alpha)^5}{30}\right| \end{aligned}$$

9. 영역의 넓이는 $S=2\int_0^1 \sqrt{x}\,dx = 2\cdot\left[\frac{2}{3}x^{\frac{3}{2}}\right]_0^1 = \frac{4}{3}$ 이다.

10. 영역의 넓이는 $S=\int_0^1\left(x+1-\frac{1}{2}x\right)dx = \left[\frac{1}{4}x^2+x\right]_0^1 = \frac{5}{4}$ 이다.

11. 중심각의 크기는 $\frac{3}{5}\pi$, 와이퍼의 길이는 40 cm, 고무판의 길이는 30 cm 이므로

$$S=\frac{1}{2}\times 40^2\times\frac{3}{5}\pi-\frac{1}{2}\times 30^2\times\frac{3}{5}\pi=210\pi\,(\text{cm}^2).$$

12. 구하는 영역은 그림과 같다. 부채꼴의 중심각의 크기가 60°이므로 구하는 넓이 S는

$S=\frac{1}{2}\cdot 1^2\cdot\frac{\pi}{3}=\frac{\pi}{6}$ 이다.

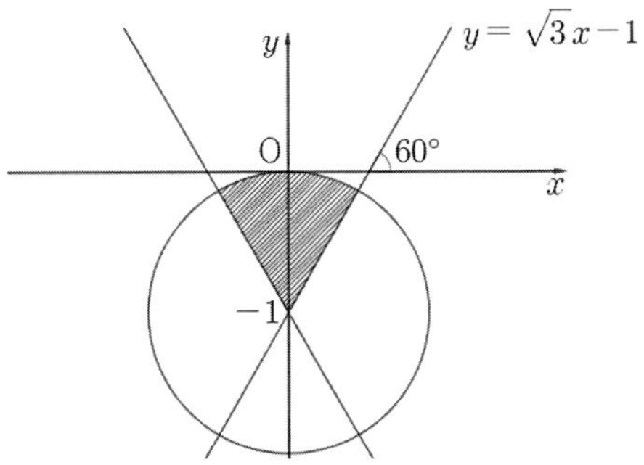

▶▶ 제10강

연습문제 10

1. 주어진 포물선의 방정식 $x^2 = -16y = 4py$ 에서 $p = -4$ 이므로 초점의 좌표는 $(0, -4)$, 준선의 방정식은 $y = 4$ 이다. 따라서 이 포물선의 그래프는 다음과 같다.

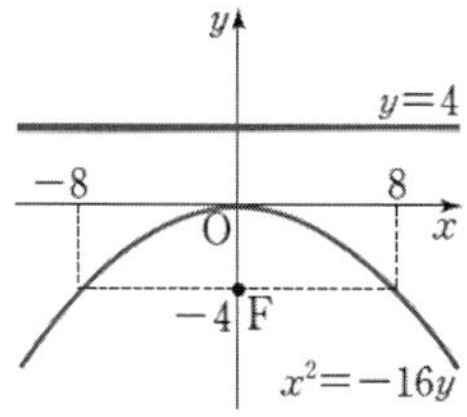

2. 주어진 포물선의 방정식 $y^2 = -8x = 4px$ 에서 $p = -2$ 이므로 초점의 좌표는 $(-2, 0)$, 준선의 방정식은 $x = 2$ 이다. 따라서 이 포물선의 그래프는 다음과 같다.

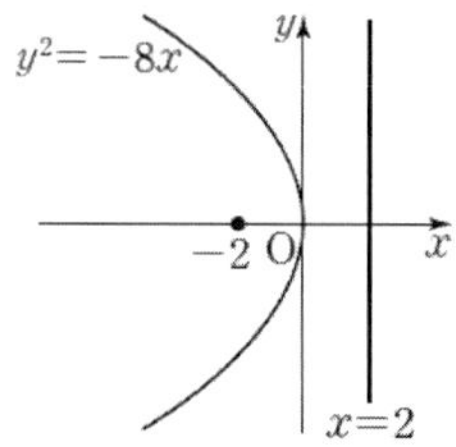

3. 주어진 포물선의 방정식 $y^2 - 4x - 4y = 0$ 을 변형하면 $(y-2)^2 = 4(x+1)$ 이다.
이 포물선은 $y^2 = 4x$ 를 x 축의 방향으로 -1 만큼, y 축의 방향으로 2 만큼 평행이동한 것이다. $y^2 = 4x$ 의 초점의 좌표는 $(1, 0)$, 준선의 방정식은 $x = -1$ 이므로
포물선 $(y-2)^2 = 4(x+1)$의 초점의 좌표는 $(0, 2)$, 준선의 방정식은 $x = -2$ 이다.
그래프는 다음 그림과 같다.

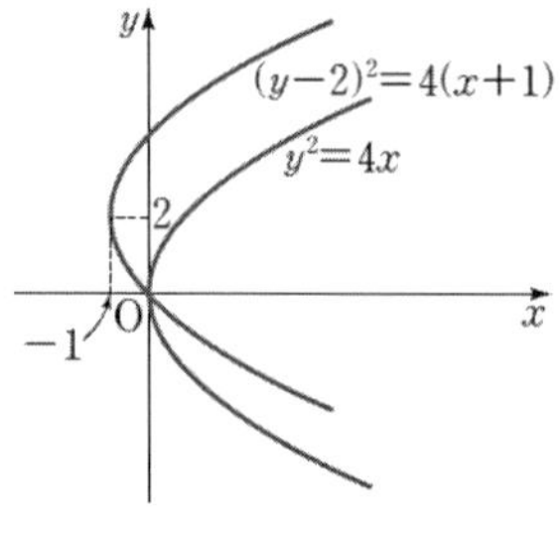

4. 점 P 에서 준선 $x = -1$ 에 내린 수선의 발을 H 라 하자. 점 F(1, 0) 는 초점이므로 $\overline{PH} = \overline{PF}$. 즉, $\overline{PF} + \overline{PA} = \overline{PH} + \overline{PA}$ 이므로 $\overline{PF} + \overline{PA}$ 가 최소가 되는 경우는 세 점 A , P , H 가 한 직선 위에 있을 때이다. 따라서 점 P 의 y 좌표는 2 이고, 점 P 가 포물선 $y^2 = 4x$ 위에 있으므로 x 좌표는 2 이다. 그러므로 P(1, 2) 이다.

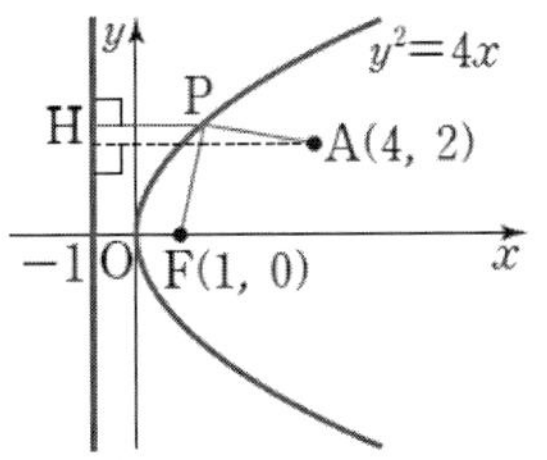

5. 포물선의 정의에 의하여

$$\overline{PQ} = \overline{PF} + \overline{FQ} = \overline{PH} + \overline{QH'} = 12$$

이므로 사각형 HH′QP 의 넓이는 $12 \cdot 11 \cdot \frac{1}{2} = 66$ 이다.

6. $12\sqrt{2} + 3\sqrt{2} = 15\sqrt{2}$

7. $\frac{3}{2}$

부록 2

찾아보기

강 홍 재

일본 筑波大学 수학연구과 이학박사
일본 愛知教育大学 초빙교수 (2011.12~2012.3)
미국 California State University Sacramento 방문교수
(2014.7~2015.8)
현 진주교육대학교 수학교육과 교수

교대생을 위한 **대학 수학 -넓이**

초판발행 2020년 3월 2일
초판2쇄발행 2023년 3월 2일

지은이 강홍재
펴낸이 오판근
펴낸곳 (주) 교우
주 소 서울시 동대문구 약령시로 8 교우빌딩 2층 (주)교우
전 화 02-925-2861 / **팩 스** 02-925-2860, **편집부** 02-925-2825
홈페이지&북스토어 www.kyowoo.co.kr / **이메일** kyowoo@kyowoo.co.kr

등 록 1994년 3월 24일 제1994-000013호
ISBN 979-11-251-0315-8 (93410)

Published by Kyowoo Co., Ltd. Printed in Korea